Polymers Chain Supramolecular Assembly and Functionalization:
Mesogen–Jacketed Liquid Crystalline Polymers

聚合物链超分子组装与功能化：
甲壳型液晶聚合物

范星河 编著

化学工业出版社

·北京·

内容简介

《聚合物链超分子组装与功能化：甲壳型液晶聚合物》从 MJLCPs 分子结构设计合成、液晶相态调控、嵌段共聚物自组装和功能化应用等方面，总结和评述了最近二十余年该领域周其凤教授研究组主要的研究进展，总结了 MJLCPs 在发展中所面临的主要问题，并对其发展趋势进行了展望。

本书可作为高等院校化学、化工、材料等相关专业研究生和高年级本科生的教材，也可作为从事高分子化学、高分子材料技术的开发、研究、推广应用的高等院校教师、科研人员，以及技术人员、科研管理人员等的参考书。

图书在版编目（CIP）数据

聚合物链超分子组装与功能化：甲壳型液晶聚合物 /
范星河编著. -- 北京：化学工业出版社，2025.1.
ISBN 978-7-122-46647-1

I. O753

中国国家版本馆CIP数据核字第2024HS6900号

责任编辑：郑叶琳　　　　　　文字编辑：毕梅芳　师明远
责任校对：刘　一　　　　　　装帧设计：韩　飞

出版发行：化学工业出版社
　　　　　（北京市东城区青年湖南街13号　邮政编码100011）
印　　装：涿州市般润文化传播有限公司
710mm×1000mm　1/16　印张13¼　字数179千字
2025年1月北京第1版第1次印刷

购书咨询：010-64518888　　　　售后服务：010-64518899
网　　址：http://www.cip.com.cn

凡购买本书，如有缺损质量问题，本社销售中心负责调换。

定　　价：98.00元　　　　　　　　版权所有　违者必究

序

一

范星河老师是我退休前的同事。1982 年他在浙江大学获得学士学位后到江苏省化工研究所工作了十三年，担任工程师；而后到日本鹿儿岛大学深造，2000 年获得博士学位后便回国来到了北京大学化学学院我所领导的课题组，开始了他在北京大学长达二十余年的教学与科学研究工作。他对高分子有比较全面和深入的认识，其研究涉及高分子的各重要方向，包括分子设计与合成、高分子材料加工以及高分子凝聚态的结构与性质等。他的学术著作和课程讲义有《高分子化学》《高分子工程基础》《高分子工程技术》《高分子工程简明教程》等。他为研究生开设的"高分子工程基础"选修课受到学生的高度认可和欢迎，迄今已有二十年之久。今天呈献给读者的《聚合物链超分子组装与功能化：甲壳型液晶聚合物》，是他二十余年科研经验的总结，也是"高分子工程基础"教案之一，对高分子及相关领域的读者都将有所助益。

《聚合物链超分子组装与功能化：甲壳型液晶聚合物》对甲壳型液晶高分子的基本科学问题进行了深入浅出的系统论述，重点讨论了单体的合成、聚合物的制备、聚合物材料的功能化等，以及科研中可能遇到的关键技术和问题，如何从最基本的科学原理出发，提出解决相关问题的方法与建议。同时，继承并发展了甲壳型液晶高分子体系，首次发现了该液晶高分子的近晶相与分子结构之间的关系，创新性地拓展了该液晶高分子的主链分子结构类型，在高分子多层次有序结构的精准调控、功能性液晶材料、高性能聚合物树脂等方面取得了诸多重要进展。

本书是为高等院校高分子专业研究生和高年级本科生编写的，也可以供其他相关专业学习参考。本书行文简明扼要，内容涉及面较宽，阐述深入浅出，便于自学，是一本既有较好理论介绍，又紧密联系实际的好书，值得一读。

2023 年是北京大学高分子学科创建 70 周年。《聚合物链超分子组装与功能化：甲壳型液晶聚合物》的出版是范星河老师献给北大高分子学科的珍贵贺礼。北大高分子人感谢范老师并希望收到更多这样的好礼！

是为序。

中国科学院院士、北京大学教授

周其凤

2024 年 6 月 18 日

前言

—

液晶高分子（liquid crystal polymer，LCP）作为一种新兴的高分子材料，因其独特的物理和化学性质，近年来受到了广泛关注。1987 年，周其凤院士首次提出了甲壳型液晶高分子（MJLCPs）的概念，随后对其进行了系统的研究。与传统的主链型或侧链型液晶高分子不同，MJLCPs 的液晶基元是高分子链整体，其为超分子柱或片层，可以形成多种有序的液晶相。近年来，随着高分子科学和材料科学的飞速发展，MJLCPs 的研究取得了显著进展。液晶高分子的分子链结构决定了其液晶性能和应用性能。研究人员通过精确设计分子链结构，成功合成了多种具有优异性能的MJLCPs；通过深入研究 MJLCPs 的相转变过程，揭示了液晶相转变的微观机制，为 MJLCPs 的功能化应用提供了理论基础。

二十余年来，研究团队继承并发展了周其凤院士在国际上首次提出的甲壳型液晶高分子体系，首次发现了该液晶高分子的近晶相与分子结构之间的关系，创新性地拓展了该液晶高分子的主链分子结构类型，在高分子多层次有序结构的精准调控、功能性液晶材料、高性能聚合物树脂等方面取得了诸多重要进展。本书围绕 MJLCPs 的研究进展、应用领域以及未来发展趋势进行阐述。

随着科技的不断进步和人们对材料性能要求的不断提高，MJLCPs 的研究和应用将面临更多的挑战和机遇。未来，MJLCPs 的研究将更加注重分子设计与合成、功能化改性以及多尺度结构调控等方面，以开发出更多具有优异性能和应用前景的 MJLCPs。同时，MJLCPs 的应用领域也将不断拓展，为人类社会带来更多福祉。

作为高分子工程基础课程系列教材，在出版了《高分子化学》《高分子工程基础》《高分子工程技术》《高分子工程简明教程》《第三代聚苯硫醚复合隔膜制备技术》之后，出版《聚合物链超分子组装与功能化：甲壳型液晶聚合物》，作为高分子工程基础课程授课案例之一，期待具有高分子化学和高分子物理知识的广大研究生和高年级本科生能用较少的时间，通过本书，既可很好地理解"高分子化学"，又可拓展对"高分子物理"和"功能高分子材料"的认识。有大学化学知识的广大学生和相关人员通过自学即能很好地理解本书内容。

本书以高分子教育为宗旨，平衡取舍相关内容。作为高分子专业的研究生，需要掌握高分子化学、高分子物理的基本知识，为此，本书以编者二十余年科研经历作为编写主线，编写了《聚合物链超分子组装与功能化：甲壳型液晶聚合物》。

本书编写过程中参考了研究团队，特别是研究团队中的研究生、博士后等的研究工作。限于作者的水平，本书在内容的选取、编辑和归类总结上难于做到完美，存在疏漏及不当，殷切希望文献作者、读者及各方面专家提出批评意见和建议，再版时修订完善。

在本书成书之时对引用的原文献、教材的作者，特表示衷心感谢。同时，感谢北京分子科学国家研究中心的资助。

范星河　于北京大学化学与分子工程学院

2024 年 10 月 18 日

目录

第 1 章

绪论

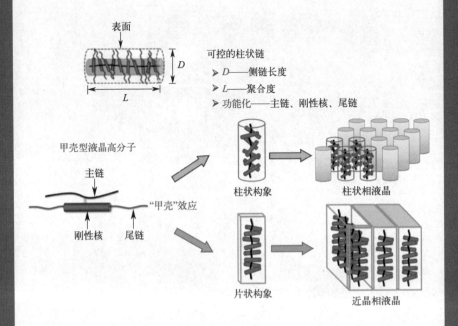

表面

可控的柱状链
➢ D——侧链长度
➢ L——聚合度
➢ 功能化——主链、刚性核、尾链

甲壳型液晶高分子

主链

刚性核   尾链

"甲壳"效应

柱状构象

柱状相液晶

片状构象

近晶相液晶

创新性研究工作：

刚性聚合物可控制备一直是一个重要的科学课题。相对于合成上可控性较差的棒状主链型液晶高分子，MJLCPs 更易于合成，具有良好的结构可调控性和明显的性能优越性。

我们学习任何一门知识，学习任何一门科学，都不仅仅是作为知识来掌握，重要的是通过学习来改变我们的思维方式，也就是通过理论与实践的训练，使我们能够科学地、辩证地去看社会、自然界及人与人之间所发生的一切现象、问题。

高分子结构有高分子链结构和聚集态结构（整体内部结构）。高分子链结构由近程结构（化学结构）、一级结构和远程结构（二级结构）、单个高分子的大小和形态、链的柔顺性及分子在各种环境中所采取的构象组成。高分子聚集态结构由三级结构、晶态结构、非晶态结构、取向态结构、液晶态结构、织态结构（描述高分子聚集体中的分子之间如何堆砌），以及高次结构、三级结构的再组合组成。高分子性能主要由高分子的结构决定，即化学结构决定了高分子链结构，物理结构决定了高分子聚集态结构。

1.1　液晶起源

1888 年奥地利植物学家瑞尼泽尔发现苯甲酸胆甾醇酯晶体在 145.5℃熔化时，形成了雾浊的液体，并出现蓝紫色的双折射现象，直至 178.5℃才形成各向同性的液体。瑞尼泽尔把此现象告知了德国物理科学家勒曼。同年勒曼在偏光显微镜下发现此液态具有光学各向异性。勒曼在 1895 年还发现了表面活性剂油酸铵水溶液也能形成溶致性液晶。具有光学各向异性的液态，起初称为柔软水晶（soft crystal）、晶状流体（liquid crystalline fluids），1889 年勒曼定义为液晶（liquid crystals）。什么是液晶？液晶是物质的一种状态，液晶是介于固态与液态的中间状态，是方向性整齐排列的液体，拥有晶体的光学特性与液体的流动性。结晶固体（crystalline solid）到各向同性液体，经过多个相变，必定存在一个或多个介于结晶固体与各向同性液体间的中间相（mesophases）。由于这些中间相的分子次序介于结晶固体与各向同性液体间，所以这些相的力学、光学性质和对称性也介于结晶固体与液体之间。这些中间相的分子形状是决定其物性的重要因素。图 1-1 是偏光显微镜下的液晶双折射纹理图。

图 1-1 偏光显微镜下液晶双折射纹理图

1.2 液晶分类

液晶主要分为：

① 溶致性液晶（lyotropic），因溶于溶剂中浓度比例的改变而产生的相变。

② 热致性液晶（thermotropic），因温度的改变而产生的相变。热致性液晶主要有：a. 长条状分子，有向列相（nematic）、胆甾相（cholesteric）和近晶相（smectic）；b. 圆盘状分子，有柱状相（columnar）和向列相（nematic）。相态随温度变化的一般规律是高有序液晶相在低温出现，低有序液晶相在高温出现。

③ 感应性液晶：外场（力、电、磁、光等）作用下进入液晶态，如高压状态下的聚乙烯。

④ 流致性液晶：通过施加流动场而形成的液晶态，如聚对苯二甲酰对氨基苯甲酰肼。图 1-2 是热致性液晶温度与相态关系示意图。图 1-3 是液晶排列方式与光透射关系示意图。图 1-4 是溶致性液晶结构示意图。图 1-5 是蓝相类型液晶示意图。图 1-6 是香蕉型液晶相和相结构类型示意图。图 1-7 是液晶相态分类示意图。

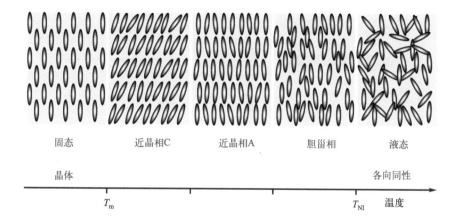

图 1-2　热致性液晶温度与相态关系示意图

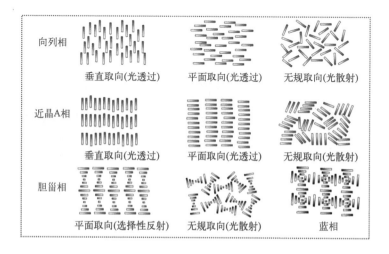

图 1-3　液晶排列方式与光透射关系示意图

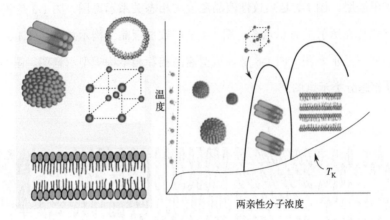

图 1-4　溶致性液晶结构示意图

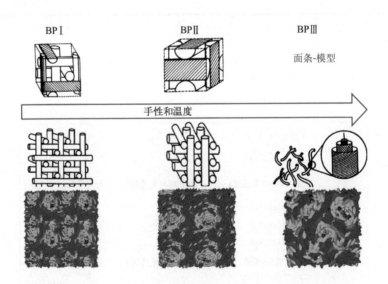

图 1-5　蓝相类型液晶示意图

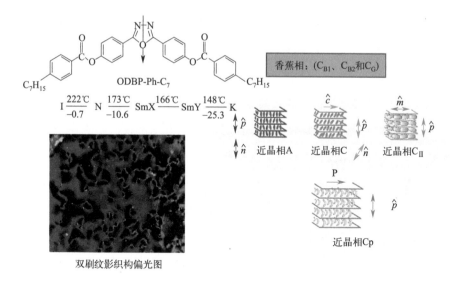

双刷纹影织构偏光图

图 1-6 香蕉型液晶相和相结构类型示意图

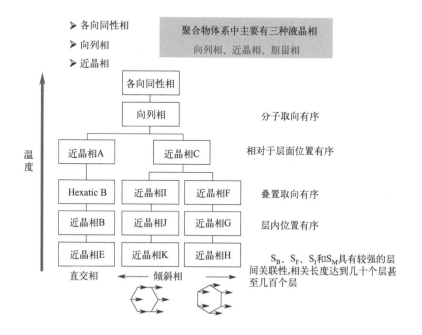

图 1-7 液晶相态分类示意图

　　液晶既具有晶体的各向异性又有液体的流动性，其有序性介于液体的各向同性和晶体的三维有序之间，结构上保持着一维或二维有序排列。这种状态称为液晶态，其所处状态的物质称为液晶。液晶分子形状具有高度几何异向性（长条状或圆盘状），导致其分子排列方向具有有序性，其特性亦表现在电性、磁性、光学及力学等各方面。当测量其介电常数、磁导率、折射率及黏度等时，会因液晶分子排列方向不同而有所差异。液晶的各向异性使得其在光学双折射（$\Delta n=n_{//}-n_{\perp}$）、介电常数（$\Delta\varepsilon=\varepsilon_{//}-\varepsilon_{\perp}$）、黏度（$\eta_1$、$\eta_2$、$\eta_3$）、弹性（$k_{11}$、$k_{22}$、$k_{33}$）、磁化率（$\Delta\chi=\chi_{//}-\chi_{\perp}$）、电导率（$\sigma_{//}$、$\sigma_{\perp}$）等方面有独特特性。物质在液晶态时具有：①光电效应：利用外加电场来驱动液晶的排列状态从而改变其指向，造成光线穿透液晶层时的光学特性发生改变，此即利用外加电场来产生光的调变现象。②偏光性：光线经过特殊栅栏后会具有一定的行走方向。图 1-8 是液晶光学特性示意图。

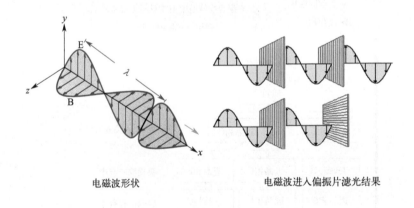

电磁波形状　　　　　　　　　　　　电磁波进入偏振片滤光结果

图 1-8　液晶光学特性示意图

　　液晶具有独特的温度效应、光电效应、磁效应等，可广泛应用于电子、电视显示、温度检测、工程技术等领域，这些应用又极大推动了液晶的研究，使之成为一门新兴的边缘学科。图 1-9 是智能与可控建筑节能薄膜材料设计示意图。

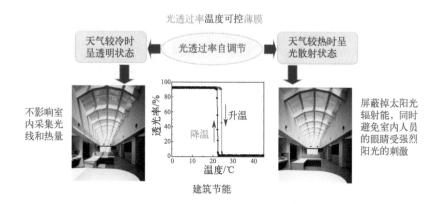

图 1-9　智能与可控建筑节能薄膜材料设计示意图

　　小分子液晶材料由多种小分子有机结构单元组成，这些小分子液晶的主要结构特征是棒状分子结构。例如各种联苯腈、酯类、环己基（联）苯类、含氧杂环苯类、嘧啶环类、二苯乙炔类、乙基桥键类和烯端基类以及各种含氟苯环类等。近几年还研究开发出多氟或全氟芳环以及全氟端基液晶化合物。表征液晶态的性质通常有液晶的光学性质和织构（偏光显微镜）、液晶的微观结构和微观形态、液晶的热学性质及液晶的流变性（毛细管黏度计和旋转黏度计）等。

　　在植物细胞中，有不少分子如磷脂、蛋白质、核酸、叶绿素、类胡萝卜素与多糖等在一定温度范围内都可以形成液晶态。液晶态与生命活动息息相关。当温度过高时，膜会从液晶态转变为液态，其流动性增大，膜的透性也增大，使细胞内可溶性糖和无机离子等大量流失。温度过低会使膜由液晶态转变成凝胶态，使细胞的生命活动减缓。图 1-10 为生命体组成中溶致性液晶示意图。

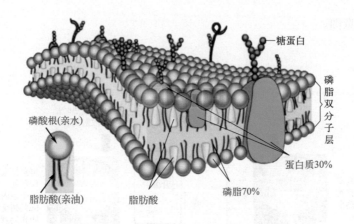

图 1-10　生命体组成中溶致性液晶示意图

1.3　液晶高分子

材料科学发展的化学基本问题是分子结构→分子聚集体高级结构→材料结构→理化性质→功能之间的关系。掌握这些关系，可以减少研究过程中的盲目性。为了增加研究工作的成功率，还需要建立测定高级结构的方法，研究理化性质和功能与高级结构之间的关系。研究聚合物结构与性能的关系，主要研究聚合物链结构中聚合物化学组成及构型（一级结构）、聚合物构象（二级结构）和聚合物聚集态结构（三级结构）。高分子材料的性能很大程度上依赖于其聚集态结构，同一种材料，处于不同的聚集态结构时，其表现的功能性与性能可能差别很大。在合成功能分子与构筑高级结构的理论与方法的研究中，如何构筑有序的高级结构是一个新的合成化学问题：在合成结构单元的时候，如何能够自组装成所需的高级结构；或在获得功能分子之后，如何再组装为材料。

液晶高分子分为天然液晶高分子和合成液晶高分子。合成液晶高分子也称为液晶聚合物，是高分子的高分子量和液晶有序性的组合体，聚合物分子链能形成不同的超分子组装结构，即聚合物分子链能进行超分子组装。液晶高分子按液晶相态的有序性分类，可分成向列相、近晶相、胆甾相、柱状相等；按产生液晶的条件分类，可分成热致性、溶致性、感应性、流致性、压致性等；按液晶高分子链特性分类，可分成主链型、侧链型、组合型、支链型等。液晶高分子具有聚合物链超分子自组装特性，能够构筑聚合物链多种有序结构。图 1-11 是高分子的热致性液晶和溶致性液晶示意图。图 1-12 是高分子液晶构筑示意图。

热致性液晶

$$固体 \xrightleftharpoons[冷]{热} 液晶 \xrightleftharpoons[冷]{热} 各向同性液体$$

溶致性液晶

$$固体 \xrightleftharpoons[-溶剂]{+溶剂} 液晶 \xrightleftharpoons[-溶剂]{+溶剂} 各向同性液体$$

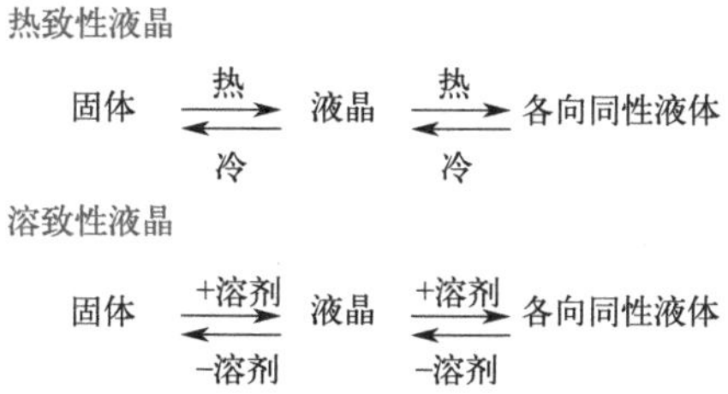

图 1-11　高分子的热致性液晶和溶致性液晶示意图

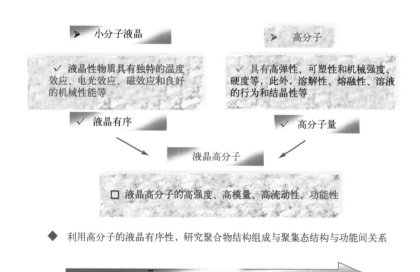

图 1-12　高分子液晶构筑示意图

法国科学家德吉尼将小分子液晶有序现象推广到高分子等复杂体系，对液晶高分子物质的有序现象提出了标度理论。该理论从临界现象认识分子，在物理 - 化学之间架设了桥梁，提出了"软物质"概念，因此德吉尼获得了1991 年诺贝尔物理学奖。

软物质的典型特征是非常微弱的外界刺激作用会导致物质材料性能的剧烈变化。以德吉尼为代表的对复杂体系的物理研究促使一个新的物理学科的形成——软凝聚态物理学，主要研究内容包括液晶物理、聚合物物理、微乳液、生物膜等；主要研究方法是理论、实验、计算；主要研究者有物理学家、化学家、数学家、生物学家等；其特点是体系非常复杂，学科高度交叉，满足物理基本原理，需要各个学科间的广泛渗透来推广现有的研究方法与发明新的研究方法。21 世纪被称为生命科学的世纪，而软物质是生命现象的物质基础。

20 世纪 60 年代末，德吉尼组建液晶物理研究组，其中有实验家，也有理论家，在德吉尼的领导下，这个小组很快就在液晶物理领域占据了主导地位。德吉尼在这一领域作出了杰出的贡献，解决了一些长期以来悬而未决的问题。1974 年，德吉尼出版了《液晶物理学》，这是液晶物理无可争议的经典权威著作。

1.4　液晶高分子发展

对液晶高分子的认识，首先归功于德国化学家沃尔兰德，他提出能产生液晶化合物的分子尽量为直线状，这成为设计和合成液晶高分子的依据。首次有关合成液晶高分子的报道是 1956 年罗宾逊在聚 -γ- 苯基 -L- 谷氨酸酯（PBLG）的溶液体系中观察到了与小分子液晶类似的双折射现象，从而揭开了液晶高分子研究的序幕。1965 年杜邦女科学家克沃勒克发现了溶致液晶高分子聚对氨基苯甲酸（PBA），她的进一步研究促进了高强度、高模量、耐热性的聚对苯二甲酰对苯二胺 Kevlar 纤维的大规模商品化。为表彰她的贡献，美国化学会将 1997 年度的 Perking 奖授予了这位杰出的科学家。

　　主链型液晶高分子有：①溶致性液晶高分子。主链型溶致性高分子液晶的结构特征是液晶单元位于高分子骨架的主链上。形成溶致性高分子液晶的分子结构必须符合两个条件，其一是分子应具有足够的刚性，其二是分子必须有相当的溶解性。②热致性液晶高分子。最典型最重要的代表是聚酯液晶。分子链中柔性链段的含量与分布、分子量、间隔基团的含量和分布、取代基的性质等因素均影响液晶的相行为。图 1-13 为主链型溶致性液晶高分子结构示意图。图 1-14 为主链型热致性液晶高分子结构示意图。

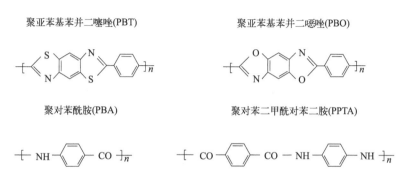

聚亚苯基苯并二噻唑(PBT)　　　　　　聚亚苯基苯并二噁唑(PBO)

聚对苯酰胺(PBA)　　　　　　聚对苯二甲酰对苯二胺(PPTA)

图 1-13　主链型溶致性液晶高分子结构示意图

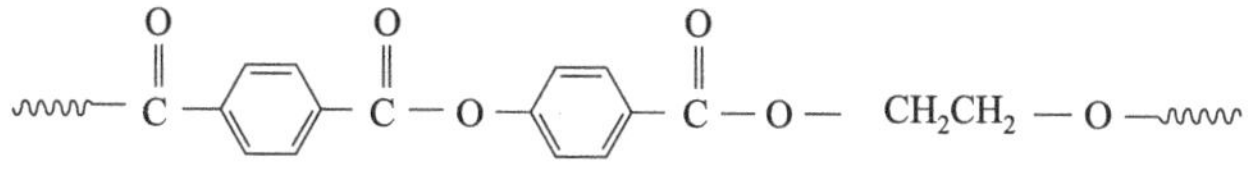

图 1-14　主链型热致性液晶高分子结构示意图

　　侧链型液晶高分子（包含腰接型侧链液晶高分子）的液晶基元位于高分子主链的侧链上。新型的侧链型液晶高分子的主链上亦含有液晶基元。最常见的侧链型液晶高分子有聚丙烯酸酯类、聚甲基丙烯酸酯类、聚苯乙烯类、聚醚类和聚硅氧烷类等。这种侧链型液晶高分子可由烯类单体经链式聚合制得，也可以由环氧类单体通过开环聚合获得，从而有望得到很高的分子量，分子量分布也可能通过不同的聚合方法而得到控制。侧链型液晶高分子具有功能材料的特性，它们可以用作信息显示材料、光记录材料、光存储材料、滤光器、反光器、光致变色材料、非线性光学器件和分离功能材料等。图 1-15 是侧链型液晶高分子结构示意图。图 1-16 为液晶聚合物分类与构筑示意图。

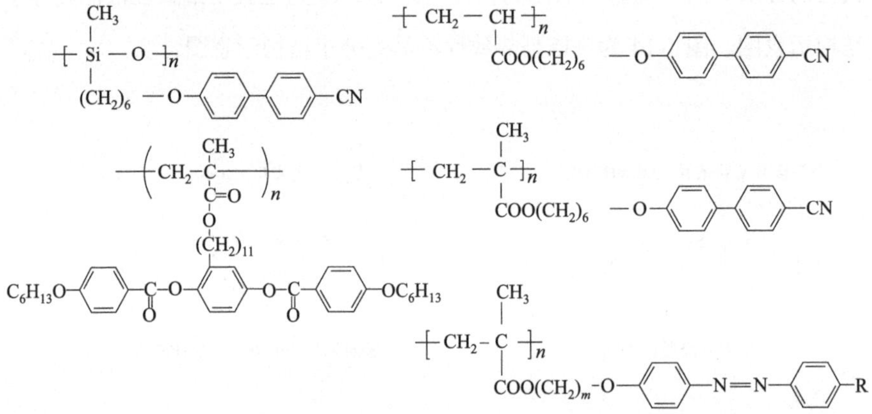

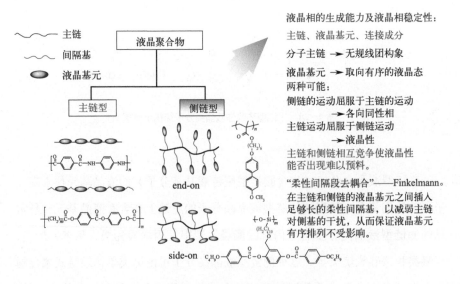

图 1-15 侧链型液晶高分子结构示意图

图 1-16 液晶聚合物分类与构筑示意图

1.5 甲壳型液晶高分子

科学史上的任何一个伟大的理论发现、发明和创造，都是对原有理论前提的反思的一种产物。爱因斯坦说过"想象比知识更重要"。我们知道，形成侧链型液晶高分子的前提是需符合费克尔曼等去耦合理论，即要求侧基（液晶基元）有序排列，而主链热运动会破坏侧基的这种有序排列。柔性间隔基团可以减弱甚至消除主链热运动对侧基有序排列的干扰。其结果是，侧基有序排列形成液晶相，分子主链则保持柔性。反思 1：除了利用柔性间隔基，有无其他方法以减小主链热运动对液晶基元液晶态有序排列的影响？回答是肯定的，解决方案是将液晶基元通过其重心或接近重心的位置与主链连接以减小主链热运动的影响。反思 2：还需要柔性去耦合基团吗？结论是不需要。反思 3：若采取上述解决方案，所得高分子的性质将如何？据此，周其凤教授于 1987 年最先设计和合成的不同于传统侧链型液晶高分子和主链型液晶高分子的一类新型液晶高分子——甲壳型液晶高分子（mesogen-jacketed LCPs，MJLCPs；因此类高分子是合成类高分子，也称为甲壳型液晶聚合物）。自提出 MJLCPs 后，其学术思想在国际上得到广泛的认同并不断被验证。对于侧链型液晶高分子，根据费克尔曼等去耦合理论，在主链和液晶基元之间加入柔性成分，排除主链热运动对液晶基元有序排列的干扰是分子设计的关键。不同于传统的侧链型液晶高分子和主链型液晶高分子，MJLCPs 的液晶基元通过腰部或重心位置与主链连接，主链周围空间被大体积的刚性液晶基元所占据，因此主链被迫采取相对伸直的构象，主链和侧基协同作用构成液晶相的基本结构单元，即使不采用柔性间隔基也能形成液晶。图 1-17 为 MJLCPs 概念提出示意图。

MJLCPs 的概念与费克尔曼等去耦合理论是互为逆向的思维产物。根据费克尔曼等去耦合理论，可以设计合成具有较大柔性主链及较低相转变温度的侧链型液晶高分子；按照费克尔曼等的设想，得到的液晶高分子具有明显的分子链刚性，尽管 MJLCPs 结构上液晶基元位于高分子链侧基，但其性质却更接近于刚性主链型液晶高分子。因此，利用合成侧链型液晶高分子的方法合成具有主链型液晶高分子性质的 MJLCPs，对贯通侧链型液晶高分子与主链型液晶高分子、深入阐明液晶高分子的分子结构与性能间的关系具有重要意义。图 1-18 是液晶高分子新分类示意图。

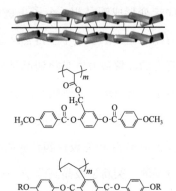

侧链型液晶聚合物去耦合理论的前提：

　　要求侧基(液晶基元)有序排列，而主链热运动会破坏侧基的这种有序排列，柔性间隔基团可以减弱甚至消除主链热运动对侧基有序排列的干扰。

反思1：除了利用柔性间隔基，有无其他办法以减小主链热运动对液晶基元液晶态有序排列的影响？

解决方案：液晶基元通过其重心或接近重心的位置与主链连接，以减小主链热运动的影响。

反思2：还需要柔性去耦合基团吗？结论：不

反思3：若采取上述解决方案，所得聚合物性质将如何？

结论：mesogen-jacketed liquid crystalline polymers

1987　　　　(MJLCPs，甲壳型液晶聚合物)

主链周围稠密的庞大侧基迫使分子采取伸直构象
链性质与主链型液晶聚合物相近

图 1-17　MJLCPs 概念提出示意图

　　MJLCPs 区别于其他类液晶高分子的优点是：单体为烯类单体，可以通过链式聚合反应制备 MJLCPs 及其刚柔嵌段共聚物；结构上属于侧链型液晶高分子，相行为与主链型液晶高分子类似，表现出一定的刚性；极性适中，在某些溶剂中溶解，某些溶剂中不溶。近四十年来，包括康奈尔、麻省理工等著名大学在内的国内外大学和研究机构都对 MJLCPs 的研究表现出很大兴趣，表明了该类新型液晶高分子的重要理论价值以及在高技术、新材料领域的应用前景。多年来，在国家自然科学基金委的大力支持下，研究人员利用现代合成技术、表征测试方法，从分子设计合成和液晶相行为等方面对聚烯

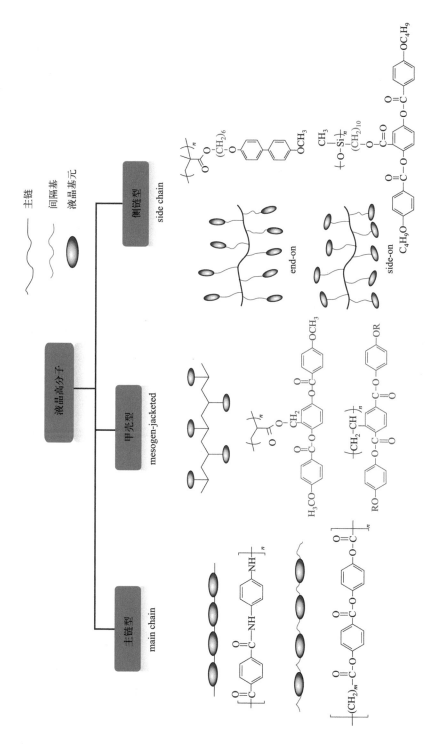

图1-18 液晶高分子新分类示意图

烃主链的 MJLCPs 进行了深入、细致的系统研究，进一步完善了 MJLCPs 理论，取得了一系列前瞻性、首创性的研究成果。在基础理论研究方面取得了令人瞩目的成果，奠定了我国 MJLCPs 研究的坚实基础。图 1-19 是液晶、高分子与液晶高分子关系示意图。

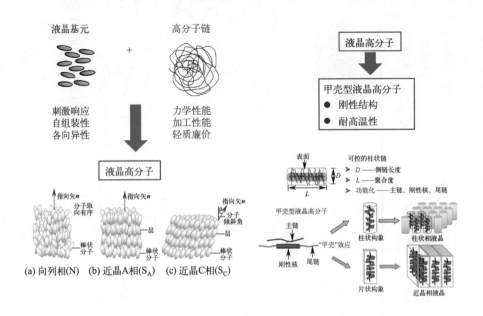

图 1-19　液晶、高分子与液晶高分子关系示意图

　　MJLCPs 一方面通过侧基分子构筑基元基于共价键合成而获得不同于传统的液晶高分子（主链型液晶高分子和侧链型液晶高分子），高分子链自组装而获得具有特定结构和功能的聚合物分子链超分子组装体系；另一方面，侧基末端分子构筑基元与高分子链相互作用而获得聚合物，自组装形成多层次、多尺度组装结构的聚合物超分子体系。为了获得具有特定结构和功能的聚合物分子链超分子组装体系，在 MJLCPs 侧基分子构筑基元中引入具有特定相互作用的纳米基元或链接基元，如氢键、π-π 相互作用、静电相互作用等，可以实现聚合物分子链超分子组装的调控，丰富自组装的结构与功能。

在 MJLCPs 研究方面已取得的重要创新性研究成果如下：

① 用自由基聚合方法合成了 MJLCPs 一系列聚合物，深入考察了侧基分子结构、液晶性及侧基尺寸的依赖性。侧基的"甲壳效应"能诱导产生高阶有序的柱状液晶相；通过改变液晶基元的末端基、调整聚合条件及分子量等方法，可以对其液晶相结构及相转变随其分子结构的变化进行有效的调控，即实现对该高分子的凝聚态相在无定形及液晶相之间进行有效的调控。

在此期间，设计合成了聚乙烯基对苯二甲酸二（对甲氧基苯酚）酯（PMPCS）。PMPCS 单体合成周期相对较短，为 MJLCPs 的理论研究提供了很好的模型化合物。对 PMPCS 研究表明，原子转移自由基聚合法可以很好地控制 PMPCS 的分子量及分子量分布。当分子量较低时，PMPCS 没有液晶性，只有当分子量高于 1×10^4 时，PMPCS 才能形成稳定的液晶相；分子量高于 1.9×10^4，PMPCS 在高分子链方向上是无序的，但在垂直于高分子链的方向上，分子的排列呈六次对称性，因此 PMPCS 可以形成具有二维有序结构的六方柱状液晶相，柱子的直径约为 1.7 nm；对分子量介于上述两个分子量之间的 PMPCS 液晶相结构为柱状向列相。在柱状液晶相中，主链和侧基上液晶基元的协同作用共同形成了柱状构造单元，每个柱状构造单元由单个分子链构成，液晶基元倾向于离开主链排列，形成一定夹角。根据 Flory 的格子模型，只有在足够高分子量的聚合物中，构造单元柱的长径比才能稳定液晶性的存在，这也就是 MJLCPs 相行为分子量依赖性的原因。侧基的"甲壳效应"能诱导产生高阶有序的柱状液晶相，通过简单改变侧基的尺寸，实现对该高分子的凝聚态相结构在无定形及液晶相之间有效调控，这一工作为实现聚合物分子工程的构想提供了一个新的简洁的方案。

② 首次用 TEMPO 调控的"活性"自由基聚合反应制备了未见文献报道的刚柔嵌段共聚物，研究了液晶相结构对聚合反应速度的影响，利用温度诱导的自组装，制备了系列尺寸可调的"核壳"型纳米颗粒，并实现了多层次的组装。

由柔性链段和刚性链段构成的刚柔嵌段共聚物是一类重要的自组装材

料。为了满足对分子量、分子量分布和链末端化学结构控制的需要，绝大多数刚柔嵌段共聚物是用活性阴离子或活性阳离子聚合技术来合成的。但是，碳阴离子或阳离子的活性很高，容易与单体上的极性功能基团反应而失活，并且对溶剂、试剂的纯度和无水、无氧条件有极为严格的要求。近年来，大量工作集中在"活性"自由基聚合方面。相对离子聚合，自由基聚合的反应条件温和、对试剂和溶剂纯度要求较低，并且允许单体上含有极性功能基团。周其凤教授研究组在国际上最先用 TEMPO（2, 2, 6, 6- 四甲基哌啶氧化物）调控的"活性"自由基聚合反应制备了刚柔嵌段共聚物，其一段是聚苯乙烯，另一段是 MJLCPs。由于 MJLCPs 在结构上的特殊性，得到的高分子具有独特的自组装行为和超分子结构。图 1-20 是活性自由基聚合与刚柔嵌段共聚物的合成示意图。

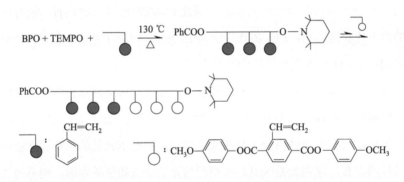

图 1-20　活性自由基聚合与刚柔嵌段共聚物的合成示意图

单体的液晶性对聚合速度有很大的影响。乙烯基对苯二甲酸二（对甲氧基苯酚）酯（MPCS）是热致性液晶单体，在聚合温度下它处于向列型液晶态。MPCS 的"活性"自由基聚合速度很快，达到 68% 的转化率只需要 0.67 h。而在同等条件下，苯乙烯的聚合速度则要慢得多，达到 56% 的转化率需要 16 h。在聚合温度下，单体和聚合物都溶解在聚合溶剂中，形成清亮的均相溶液；在室温下，反应混合物变成稳定的乳液，形成某种有序结构。吴奇教授研究组用激光光散射研究了所合成的刚柔嵌段共聚物在溶液中的自组装性质和超分子结构。发现二甲苯是由 MJLCPs 和聚苯乙烯组成的嵌段共聚物的选择性溶剂。高温时聚合物可完全溶解在溶剂中形成真溶液，但在较低温度时因刚性链段不溶解而聚集，形成乳液。静态和动态激光光散射研究表明，通过这种温度诱导的自组装，共聚物在溶液中形成核-壳型纳米结构。核由刚性链段组成，其半径与刚性链段的长度相当，壳由柔性的聚苯乙烯链段组成。当共聚物的浓度增加、更多分子进入聚集体时，核的半径几乎没有变化，而壳的厚度随进入分子数的增加而增加，这种自组装行为对刚柔嵌段共聚物是第一次被观察到。这说明该嵌段共聚物在有序聚集时刚性部分倾向于插入核，而柔性部分排在纳米结构的外部。当分子数增加时，分子间的距离减小，排斥力增加，柔性部分采取更加伸展的构象，因此厚度增加。由于这种核壳型纳米结构的直径可以通过控制刚性链段和柔性链段的分子量实现，为进一步自组装提供了有利条件。周其凤教授研究组通过改变分子量、刚性链段和柔性链段的相对比例、浓度、温度等方法，实现了对前述形成的纳米粒子的进一步组装，得到棒状和纤维状等形态的纳米尺寸的分子聚集体。

③ 热塑性液晶弹性体是近年研究的热点领域。运用活性自由基聚合的方法成功地合成出了一类具有液晶性的三嵌段共聚物。对该体系进行了液晶态和微观相分离形成规则、相态之间相互作用的研究，这对聚合物的分子设计具有重要的指导意义。

设计合成的聚合物是一类具有液晶性的三嵌段共聚物。作为一种功能性材料，热塑性液晶弹性体既具有弹性又具有液晶性，因而具有广泛的应用前景。已报道的热塑性液晶弹性体主要有两种：一种是液晶聚合物和各向同性聚合物组成的三嵌段共聚物；另一种是由刚性液晶段和各向同性聚合物组成的多嵌段共聚物。此外，两端各带有一个液晶基元的各向同性聚合物构成的低分子量热塑性液晶聚合物也有报道。考虑到 PMPCS 的玻璃化转变温度比较高，并且在其玻璃化转变温度以上具有液晶性的特点，周其凤教授研究组首次设计了以 PMPCS- 各向同性聚合物 -PMPCS 为嵌段序列的三嵌段共聚物，并运用活性自由基聚合的方法成功合成出了一种与已报道的三嵌段热塑性液晶弹性体结构完全相反的新型热塑性液晶弹性体。图 1-21 是 MJLCPs 刚 - 柔 - 刚三嵌段液晶弹性体结构。

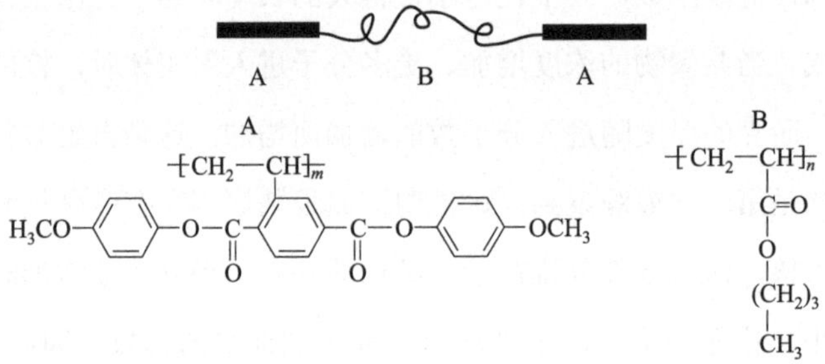

图 1-21　MJLCPs 刚 - 柔 - 刚三嵌段液晶弹性体结构

　　该三嵌段共聚物的平均分子量大于 70000，分子量分布小于 1.2。研究结果表明，该嵌段共聚物是不相容体系。将样品薄膜用 RuO_4 染色后，用透射电镜直接观察到了嵌段共聚物的微观相分离结构。原子力显微镜表征了嵌段共聚物薄膜的结构。用偏光显微镜和广角 X 射线衍射仪研究了嵌段共聚物的液晶性，发现当 MJLCPs 的 PMPCS 部分 $M_n > 20000$（DP=50）时，该三嵌段共聚物才会表现出液晶性。对同时具有弹性和液晶性的样品的动态热性能进行了研究，发现该聚合物具有热塑性弹性体的特点，但其形成的网络结构很稳定，其有序 - 无序转变温度 $T_{ODT} > 200$ ℃，而且其熔体黏度较高。拉伸实验表明该聚合物具有较高的断裂伸长率和较低的拉伸模量。图 1-22 是第一个基于 MJLCPs 的热塑性液晶弹性体结构与性能关系。

❑ 基于MJLCPs的液晶弹性体

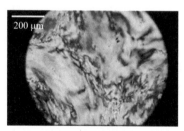

150 ℃偏光显微镜图

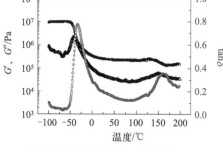

温度与剪切储存模量(G')、损失模量
(G'')、损失因子($\tan\delta$)关系。加热速度
3 ℃/min；频率：1 Hz

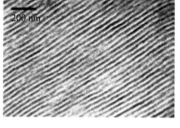

电镜图

图 1-22　第一个基于 MJLCPs 的热塑性液晶弹性体结构与性能关系

MJLCPs 研究发展简史如下。

自周其凤教授 20 世纪 80 年代提出 MJLCPs 概念以来，主要经历了以下几个阶段。

第一阶段：20 世纪 80 年代 MJLCPs 概念提出、验证。

第二阶段：2000 ～ 2005 年，对 MJLCPs 进行了比较深入的结构与性能研究，设计合成了多种结构的 MJLCPs，并确认了在一定温度和分子量条件下 MJLCPs 可以形成超分子结构——六方柱状相液晶态。首次提出、合成了刚 - 柔 - 刚三嵌段热塑性液晶弹性体；开展了液晶性嵌段共聚物可控合成、凝聚态结构调控的研究。在这一阶段通过利用现代合成技术、表征测试方法，从分子设计、合成和液晶相行为等方面对 MJLCPs 进行了深入、细致的系统研究，进一步完善了 MJLCPs 理论，取得了一系列前瞻性、首创性的研究成果。在基础理论研究方面取得了令人瞩目的成果，奠定了我国 MJLCPs 材料研究的坚实基础。

第三阶段：2006 ～ 2009 年，在 MJLCPs 理论体系已基本完备的情况下，利用我国原创性的 MJLCPs 理论，以先进性能为导向，实现从结构到功能的跨越。a. 利用 MJLCPs 基本概念与独特的结构设计，通过在分子尺度上的调控，从理论设计、化学合成、表征方法等着手重点研究各类 MJLCPs 的性能，进一步完善、发展其理论体系。b. 提出了乙烯基二联苯单体体系的 MJLCPs，研究了聚合物分子链超分子组装，发现了近晶 A 相、C 相。合成了双噁二唑为侧基的 MJLCPs，研究了聚合物分子链超分子组装，发现了近晶 A 相；开展了功能性 MJLCPs 研究，通过研究不同结构对光性质的影响，建立了结构与光性质之间的关系，探索了 MJLCPs 在光电领域的潜在应用。c. 通过研究以 MJLCPs 为基的双亲性嵌段共聚物溶液中受限自组装和高级有序结构的构筑，探讨了通过控制高级结构获得特殊功能材料的可能性。

第四阶段：2010 年至今，进一步研究了 MJLCPs 的相态及其转变规律，建立了液晶材料多层次结构的调控理论和构筑方法，阐明了其构效关系（如侧基末端功能基团）；开展了多嵌段共聚物体系系统研究，实现了物理交联的耐高温热塑性液晶弹性体的多种制备方法，在光学补偿膜等方面获得潜在应用。提出了聚降冰片烯主链的 MJLCPs 概念和"双甲壳效应"概念，开展了系统的结构设计、嵌段共聚物可控合成、凝聚态结构调控、超分子组装与功能化的研究，制备了宽温域、耐高温的高离子电导率的锂电池聚合物电解质。

第 2 章

甲壳型液晶高分子（MJLCPs）研究进展

树枝代数增加

创新性研究工作：

  继承、发展了周其凤教授在国际上首次提出的
MJLCPs 体系，进一步完善了 MJLCPs 的分子结构设
计和相结构精确调控方法，揭示了化学结构等对凝聚
态结构的影响规律，阐明了其构效关系。

2.1　MJLCPs 早期研究进展

MJLCPs 又被称为刚性链侧链型液晶高分子，是一类液晶基元只通过一个共价键或很短的间隔基在重心位置（或腰部）与高分子主链相连的液晶高分子。从化学结构上看，MJLCPs 属于侧链型液晶高分子，可以通过烯类单体的链式聚合反应获得；从液晶性和链刚性看，MJLCPs 又与主要通过逐步聚合反应得到的主链型液晶高分子相似。我们研究 MJLCPs 的目的和意义，不仅仅在于证明其分子链的刚性特征，更希望通过对 MJLCPs 领域其他问题的系统研究，激起人们对液晶高分子和高分子液晶态的研究兴趣，深入了解物质结构与性能关系这个永恒的科学主题，并最终将其用于改善材料性能及新型材料的研发。

在物理性质上，MJLCPs 和主链型液晶聚合物相似：其一，MJLCPs 的分子构象具有刚棒状特点；其二，MJLCPs 形成液晶相时，整个刚棒型分子链作为超分子液晶基元。MJLCPs 棒状分子的长度由聚合物的分子量决定，棒状分子的直径可以通过连接不同大小的侧基进行调控，并且棒状分子外围的化学环境可以由侧基尾链的性质决定。刚性聚合物的可控制备一直是一个重大的科学难题。相对于合成上可控性较差的棒状主链型液晶聚合物，刚性的 MJLCPs 更易于合成，并具有良好的可调控性，因而具有明显的优越性。图 2-1 为 MJLCPs 模型示意图。

多年来，周其凤教授研究组通过对 MJLCPs 结构与性能间关系的深入研究，不断深入了解其液晶相形成的机制及分子设计的关键；通过合成具有分子量可控、分子量分布窄的嵌段共聚物，研究了其特殊的性能；通过 MJLCPs 嵌段聚合物的设计合成，研究了其刚柔嵌段共聚物的自组装行为和超分子组装结构。

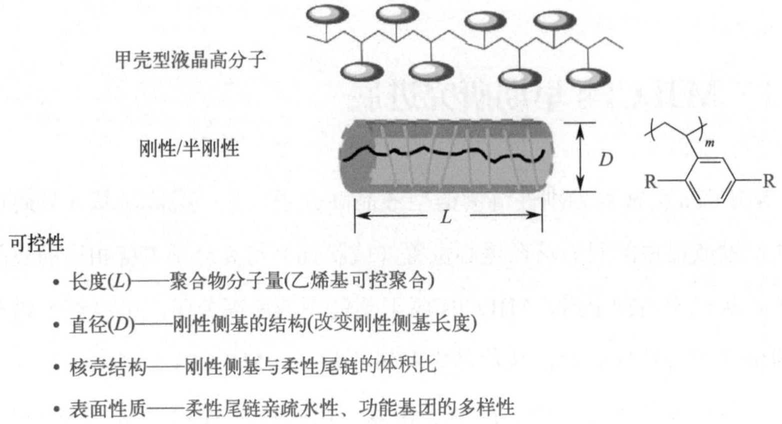

甲壳型液晶高分子

刚性/半刚性

可控性

- 长度(L)——聚合物分子量(乙烯基可控聚合)
- 直径(D)——刚性侧基的结构(改变刚性侧基长度)
- 核壳结构——刚性侧基与柔性尾链的体积比
- 表面性质——柔性尾链亲疏水性、功能基团的多样性

图 2-1 MJLCPs 模型示意图

在 1987 ～ 2002 年间，研究人员对 MJLCPs 进行了比较深入的结构与性能研究，设计合成了多种结构的 MJLCPs，并确认了在一定温度和分子量条件下 MJLCPs 可以形成超分子结构——各种柱状液晶相，如六方柱状相等。在这一阶段对 MJLCPs 进行了深入、细致的系统研究，取得了一系列前瞻性、首创性的研究成果。不同类型的刚性核结构决定了不同的自组装行为和凝聚态结构，我们可以根据不同的凝聚态要求选择相应的侧基结构。通过改变侧基尾链的亲疏水结构，可以改变聚合物的亲疏水性。在侧基尾链上进行化学修饰可以将多种多样的功能基团引入聚合物核壳结构的表面，可以得到功能性的 MJLCPs，并发挥功能基团的作用。

在早期的研究中，周其凤教授研究组在设计合成不同的 MJLCPs 时，更换了不同的中心桥键和烷基尾链。如基于乙烯基氢醌的 MJLCPs、基于乙烯基对苯二胺的 MJLCPs 等。由于氢键的存在，乙烯基对苯二胺类聚合物在 N, N- 二甲基甲酰胺中可形成很好的溶致性液晶，但不易形成热力学稳定的热致性液晶。当然，并非所有这类以酰胺键为中心桥键的聚合物都不具有稳定的热致性液晶性，选择合适的末端基，或在中心苯环上引入适当的取代基，就有可能得到稳定的热致性液晶。随着 MJLCPs 单体类型的不断扩大，我们发现这些 MJLCPs 的侧基均为刚性棒状液晶基元，一般由三个苯环通过不同的中心桥键连接构成，液晶基元与主链之间只有一个共价键相连，这些聚合物均可以在一定温度下发育出稳定的向列相液晶态。其中乙烯基对苯二甲酸酯类体系首次解决了乙烯基类单体的合成问题，为大量制备 MJLCPs、系统研究结构与性能的关系提供了很好的平台。

研究最为深入的一类 MJLCPs 是主链为聚苯乙烯的 MJLCPs，该类聚合物一般都是通过自由基聚合的方法得到，主要是可控自由基聚合（CRP），包括原子转移自由基聚合（ATRP）和氮氧自由基聚合（NMP）。通过 CRP 方法可以得到一系列不同分子量但是分散度均较窄的 MJLCPs，这对于刚性聚合物的可控制备是非常重要的。图 2-2 是对 MJLCPs 研究现状的第一次反思。

研究现状及问题的提出：
　主链热运动破坏侧基有序。侧基是否必须是液晶基元？侧基本身采取液晶态取向排列？液晶可否是分子或超分子的有序？
① 结构：均聚物的液晶基元都是以近乎重心位置平衡对称地连接到主链上；
　　　　在侧基基元上柔性基？弯曲链基？
② 相态：形成液晶相的都是柱状相及向列相；
　　　　结构的改变是否能带来相态的改变，得到有序度较高的相态？
③ 可控：分子结构的微调是否能带来相态的变化？

图 2-2　MJLCPs 研究现状的第一次反思

主链为聚苯乙烯的 MJLCPs 是研究最早的一类 MJLCPs，该类 MJLCPs 可以根据侧基刚性核结构的不同大致分为乙烯基对苯二甲酸体系、乙烯基二联苯二甲酸体系和乙烯基三联苯二甲酸体系。在 MJLCPs 体系的研究中，研究者围绕液晶材料的分子设计与制备、液晶相结构 - 化学结构间关系、化学结构和凝聚态结构与性能之间关系等方面开展了富有特色的研究工作，进行了 MJLCPs 分子结构设计、超分子液晶相结构调控、MJLCPs 中主链和侧链的协同运动机制等方面的研究，在实现液晶高分子相结构和尺寸调制方面具有重要意义。

柔性、非极性结构单元构筑 MJLCPs。一般的液晶高分子或者含有刚性棒状（有时是碗状、盘状等）液晶基元，或者含有极性基团。既没有刚性液晶基元又没有极性基团的液晶高分子很少见报道。在 MJLCPs 思想的启发下，研究人员逐渐认识到结构单元的组装方式在液晶高分子设计中的重要作用，认识到可以合成不含传统意义上的液晶基元的液晶高分子。周其凤教授研究组设计了侧基由三个苯环通过酯基相连的高分子，但由于是间位连接，不是棒状结构，尚未见用于小分子液晶和高分子液晶的构筑。研究发现，将这种结构的侧基与高分子主链相连，所得聚合物具有热致液晶性。在此工作的基础上，进一步提出用柔性、非极性的结构单元构筑液晶高分子的设想。首先合成了聚（乙烯基对苯二甲酸二环己酯），研究发现虽然对苯二甲酸二环己酯是非刚性和非极性的，自身不具有液晶性，但当它以合适的方式与同样是柔性、非极性的聚乙烯主链连接后，形成的聚合物具有稳定的热致液晶性。甚至研究发现环戊烷这一从来未见用于液晶构筑的结构单元也可以用来构筑液晶高分子。为了证明这一发现的普遍性，研究人员将其他环烷烃（环丁烷、环庚烷、环辛烷和环十二烷等）也以同样方式与聚乙烯主链相连，发现如此构造的高分子同样具有稳定的液晶性。研究还发现甚至像环烷烃这样的环状结构也不是必需的，如在邻位和间位被 4- 庚氧基羰基取代的聚［乙烯基对苯二甲酸二（4- 庚基）酯］同样可以形成稳定的热致性液晶。按照这一设计思想，研究人员进一步简化结构，设计了聚苯乙烯主链的 MJLCPs，发现当直链烷基的碳原子数大于 2 时，聚合物具有稳定的热致液晶性。这些实验结果是对现有液晶高分子理论的补充，同时为合成价格低廉的液晶聚合物提供了一条新的可能途径。图 2-3 是柔性、非极性结构单元构筑 MJLCPs 示意图。图 2-4 是聚（乙烯基对苯二甲酸二酯）结构式。

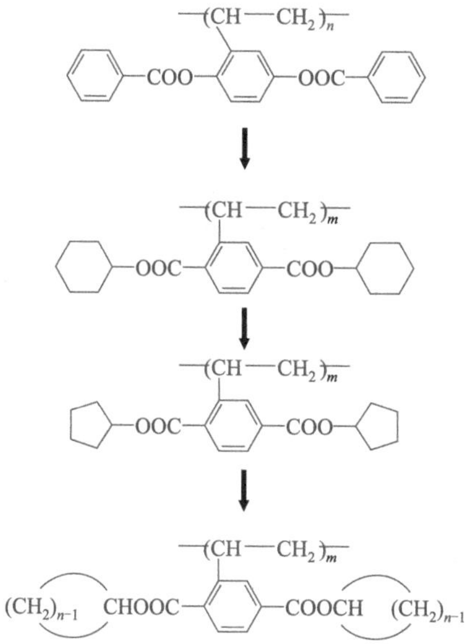

Mol.Cryst.Liq.Cryst,**1993**,231:107

Macromolecules,**1999**,32:4494

Macromol.Rapid Commun,**1999**,20:555

Chin.J.Polym.Sci,**2003**,21:21

图 2-3 柔性、非极性结构单元构筑 MJLCPs 示意图

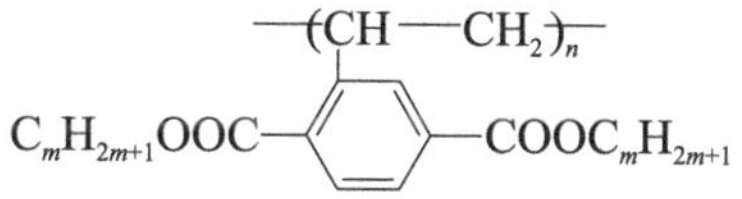

$m>2$

图 2-4 聚（乙烯基对苯二甲酸二酯）结构式

　　根据上述思路，多年来，周其凤教授研究组设计、合成了多种新的 MJLCPs，探讨了用柔性、非极性结构单元构筑液晶高分子的新方法，研究了相结构、相转变和在选择性溶剂中的自组装。同时，通过对不同类型 MJLCPs 的结构与性能间关系进行了深入研究，了解其液晶相形成的机制及分子设计的关键，加深了对这一高分子体系的认识。图 2-5 是 MJLCPs 研究进展示意图。

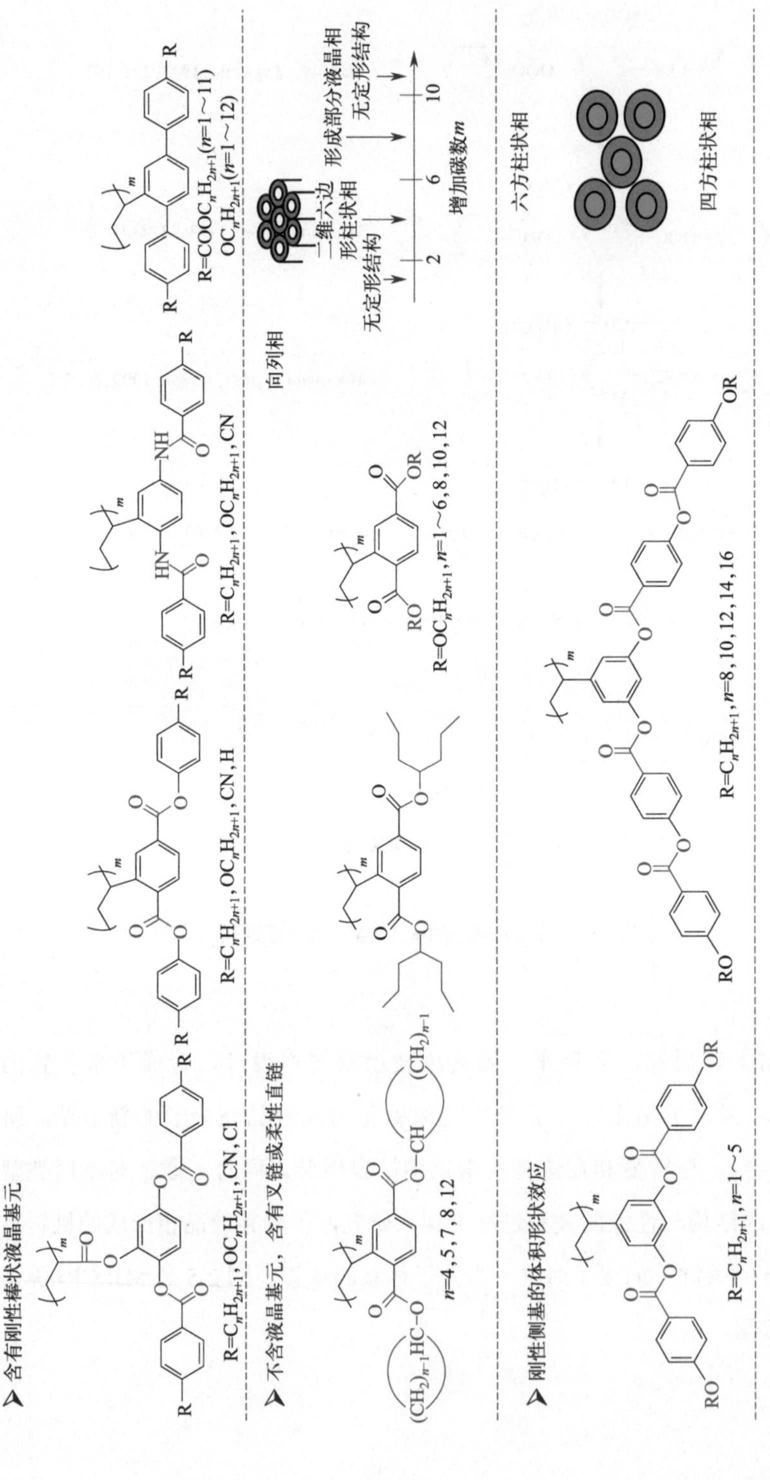

图2-5 MJLCPs 研究进展示意图

通过 X 射线衍射发现，MJLCPs 可以形成具有一定二维位置有序性的柱状液晶相，且与分子量大小有关。这表明 MJLCPs 的液晶结构并不取决于其侧链本身的液晶性质，而取决于分子链能否呈现出稳定的整体柱状构象。这一工作为 MJLCPs 的表征提供了一个基本方法。基于 X 射线衍射数据，可计算出分子链柱的直径，为认识 MJLCPs 链柱直径与侧基结构的关系提供了依据。图 2-6 是 PMPCS 超分子结构与分子量依赖性。

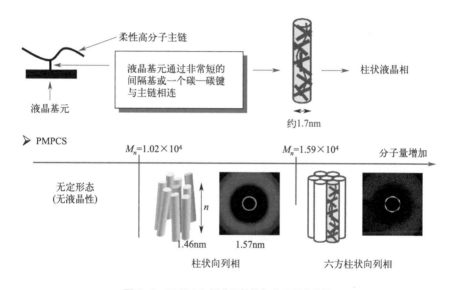

图 2-6 PMPCS 超分子结构与分子量依赖性

如何实现液晶高分子的精密合成与凝聚态结构的有效调控是该领域的难题之一，因此吸引了学术界对 MJLCPs 研究的广泛关注。MJLCPs 的相结构可以通过改变侧基的刚柔性进行有效的调制。周其凤教授研究组以 MJLCPs 的理论为基础，通过改变侧链结构，利用可控聚合方法合成了多种 MJLCP 体系，开展了 MJLCPs 链长度的研究。研究表明，增加侧链长度，聚合物链的直径也随之增加，而侧链的柔性结构则可以调控聚合物链排列的有序度。

MJLCPs 侧链中末端基结构和连接方式对 MJLCPs 链超分子自组装也起

到了重要的作用，如在聚乙烯基对苯二甲酸双对烷基酯体系中（PDAVTs），当烷基尾链碳数小于 2 时，聚合物为无定形态；当碳数在 2 ～ 6 之间时，虽然侧基中不含液晶基元，但聚合物在高温下仍可以形成稳定的 Col$_h$ 相；当碳数在 7 ～ 10 之间时，聚合物只能在高温时形成柱状向列（Col$_n$）相；进一步增加烷基链长度，当碳数超过 10 时，聚合物为无定形态。在对 MJLCPs 侧链结构与液晶相态系统研究的基础上，研究人员阐明了 MJLCPs 链超分子自组装的机理，发展了 MJLCPs 的分子设计方法，为这类体系的结构调控奠定了基础，并展现了 MJLCPs 在聚合物凝聚态结构调控方面的优越性。图 2-7 是对 MJLCPs 研究现状的第二次反思。

研究现状及问题的提出：
　　主链热运动破坏侧基有序。侧基尾链如何影响液晶超分子
　　基元有序排列？
① 结构：均聚物的液晶基元都是以近乎重心位置平衡对称地
　　　　连接到主链上；
　　　　在液晶基元上改变尾链长度来破坏其原有的平衡性。
② 相态：形成液晶相的都是柱状相及向列相；
　　　　结构的改变是否能带来相态的改变，得到有序度较高
　　　　的相态？
③ 可控：分子结构的微调是否能带来相态的变化？

图 2-7　MJLCPs 研究现状的第二次反思

2.2　MJLCPs 非寻常液晶相行为

　　MJLCPs 不仅表现出不同于侧链型液晶高分子的超分子液晶结构，而且在变温过程中还会出现一些特殊的液晶相行为。除分子量影响外，调整液晶基元侧基的化学结构，也可以对 MJLCPs 的相结构和相转变进行有效的调控。在聚乙烯基对苯二甲酸双对烷氧基苯酯体系中，当侧链为末端含 4 个碳原子的烷基链时，PBPCS（聚［乙烯基对苯二甲酸二（4-丁基）酯］）与 PMPCS

相比较，两者在分子结构上仅相差液晶基元末段烷基链长度，但在升温条件下，PBPCS 并没有在玻璃化转变温度（T_g）以上立即进入液晶相，而是在远高于 T_g 才出现，即先进入各向同性熔体，再形成各向异性熔体，而在较高温度下形成的液晶相会随着温度的降低而消失，即表现出与普通液晶高分子相反的液晶相变行为。聚合物升温过程中首先进入各向同性相，继续升温后进入液晶相，且液晶态一直保持；降温过程中聚合物会从液晶相重新回到各向同性相。这表明结构单元的组装方式在液晶高分子形成中具有重要作用。研究认为，PBPCS 这种不寻常的相行为可能与升降温中高分子链构象的转变有关，对此提出了这种非寻常相转变演变的熵驱动模型，研究人员进一步阐明了侧链中末端结构与液晶相间的构效关系，实现了升降温过程中 MJLCPs 链构象及相态的可逆变化。图 2-8 是 MJLCPs 非寻常相行为示意图。

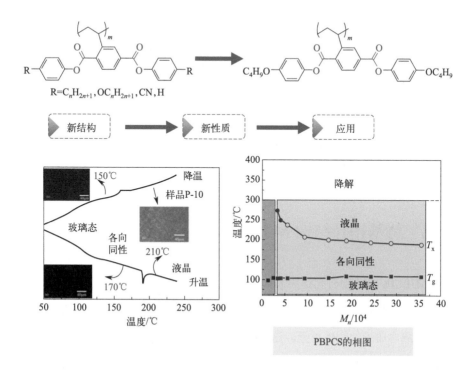

图 2-8

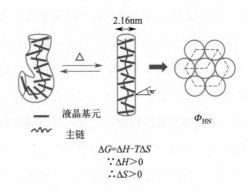

2.16nm

$\Delta G = \Delta H - T\Delta S$
$\because \Delta H > 0$
$\therefore \Delta S > 0$

— 液晶基元
～ 主链

Φ_{HN}

图 2-8　MJLCPs 非寻常相行为示意图

本研究工作的意义是，通过分子设计调节侧基的刚性、形状、体积大小等，及系统研究侧基对甲壳效应的影响。研究人员发现，与其他大多数液晶高分子不同，存在一个类似小分子液晶相转变中相重入现象的各向同性相与液晶相之间的非寻常可逆相转变。这种非寻常相转变是一个熵驱动过程（刚性侧基沿主链转动的自由度在主链为刚棒状时更大，导致侧基的熵增大，主链的熵减小，使得液晶态反而在高温时更稳定。）。研究结果为高分子凝聚态物理研究提供了一个非常好的平台，同时高温下的液晶相为链缠结聚合物的熔融成型加工提供了一个好的备选方案。

2.3　侧基拓扑结构 MJLCPs

MJLCPs 的前期研究结果表明，分子形状和化学结构对高分子链中液晶基元的排列和相行为有很大影响。将能形成近晶相的 MJLCPs 中的线形刚性侧基改成弯曲形的刚性单元。这一结构上的微小差异导致这一系列单体及相应的聚合物具有与含线形刚性侧基的类似 MJLCPs 不同的相结构。差示扫描量热（DSC）、偏光显微镜（PLM）和广角 X 射线衍射（WAXD）等结果表明，侧基尾链为叔丁基或不同长度的线形烷基链时，所有的单体都没有液晶性，而所有的聚合物都具有长程有序的六方柱状相，长程有序结构的尺寸在3 ～ 5nm，具体的长度由侧基的大小决定。此外，侧基尾链不同时，柱状相排列的松散程度也不同，表明通过控制尾链的化学结构可以调控柱状高分子链排列的松散程度。图 2-9 是含弯曲刚性侧基 MJLCPs 超分子组装示意图。

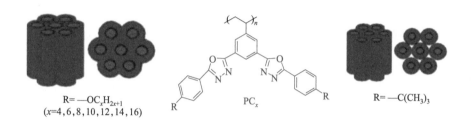

图 2-9　含弯曲刚性侧基 MJLCPs 超分子组装示意图

这个工作的创新点在于通过简单地改变刚性侧基上的取代位置而使侧基刚性部分由线形变成弯曲形，将这样的侧基引入 MJLCPs 的结构中，使高分子链构象由片状变为柱状，可以使聚合物的液晶相态由近晶相变成柱状相。这样的分子设计可以使人们更好地了解侧基的分子形状和柔性对 MJLCPs 液晶相行为的影响。这个工作的科学意义在于通过控制侧基的拓扑结构来控制高分子链的构象以调控液晶高分子的相态。

2.4　氢键类 MJLCPs

决定高分子材料性质的不仅是组成它的分子，更大程度上取决于高分子链所经过的自组装过程，高分子材料的性质和功能寓于其组装过程中。因此，自组装技术是软物质研究的重要手段。

通过氢键来构筑液晶分子主要分为两种结构形式，即闭环结构和开环结构。具有封闭且明确氢键结构的液晶配合物被定义为原始意义上的超分子液晶，它们通过不同的分子间复合得到。此外，具有由相同分子组成的精细封闭结构的"非常规"复合物也被称为超分子液晶。对于开环结构，它们通过形成连续的氢键或氢键网络而得到，能够形成条带状或者层状结构。不论是开环结构还是闭环结构，都是通过分子的自组装获得的，各种分子在温和条件下自发地自组织形成复杂有序的结构。

液晶高分子是一类重要的软物质。利用聚合物和小分子之间的氢键作用可以制备具有明确结构的超分子型液晶高分子，例如主链型、侧链型、结合型和网络型结构。氢键的引入是形成分子组装结构的关键，并由此产生了一系列动态功能材料。双官能团组分的缔合物能形成主链型超分子液晶高分子，它们通过形成连续的分子间氢键来诱导产生液晶相。侧链型超分子液晶高分子一般由功能化的高分子侧链与小分子通过氢键缔合形成，其又可分为两种类型：一种是小分子通过氢键接枝到聚合物侧链，与侧链上的功能基团作为一个整体形成液晶基元；另一种是小分子中本身包含液晶基元，氢键只是作为一种小分子接枝到聚合物侧链的手段。结合型超分子液晶高分子是由功能化的聚合物主链与小分子直接缔合形成的，其结构介于主链型与侧链型超分子液晶高分子之间。网络型超分子液晶主要由多官能团的组分缔合形成。

氢键型液晶高分子是超分子组装研究领域的一个重要分支。侧链氢键型液晶高分子是高分子链上的氢键结构单元，通过给受体复合形成液晶高分子，它是自组装合成功能高分子的一个非常重要的研究领域。由于非共价键为弱相互作用且具有动态可逆的特点，这类氢键型液晶体系具有对外部环境刺激独特响应的特性，呈现动态功能材料特点，如特殊的光电性质、分子信息存取、分子传感及催化活性等功能。同时，也是蓝相液晶的主要合成方法之一。

在高分子化学合成与制备的基础上，将单一性能的分子链超分子自组装液晶高分子，通过相关功能性客体分子进一步氢键复合、组装、集成，可获得多组分多功能的有序结构氢键复合高分子，且具有新的特性，充分发挥各组分基元的性质，并可实现功能集成和优化以满足实际特殊需要，这体现了高分子化学合成的艺术，对于基础和应用研究均具有重要意义。

通过氢键组装作用引入分子链超分子自组装液晶高分子可以形成新的一类液晶高分子体系——氢键型分子链超分子自组装液晶高分子。研究分子链超分子自组装有序结构的高分子结构中基元结构与客体分子结构与功能性、相互作用的本质和分子链超分子有序结构的自组装规律，是设计和制备具有期望性能的超分子自组装有序结构高分子新材料和新器件的基础。其研究工作不仅具有重要理论价值，同时还具有巨大的潜在应用前景，是设计分子器件或新颖功能材料的一条新途径。

利用氢键的高分子链超分子自组装形成的液晶高分子与传统的液晶高分子在结构和性能上都有很大不同，包括液晶高分子形成机理、超分子自组装有序结构的高分子物理（结构和性能）等。其中 MJLCPs 是一类有高分子链超分子自组装特性的特殊的液晶高分子。MJLCPs 是否具有液晶性与其侧基是否具有液晶基元没有关系，其液晶性是通过侧基与侧基之间的自堆积效应和侧基芳香结构基元的 π-π 相互作用等，且高分子链影响是由多个高分子链超分子自组装成柱状或层状（如六方柱状相、四方柱状相、近晶相等）等形成高分子链有序结构来体现，链长度为高分子的分子量。高分子链超分子组装有序结构的构象与高分子分子量和温度有一定依赖关系。

由于 MJLCPs 链整体作为一个超分子液晶基元形成液晶相，分子量的大小对其液晶性有很大的影响。以往报道的 MJLCPs 的设计方法都是从合成新化学结构的乙烯基单体开始，再进行自由基聚合反应得到目标聚合物。这种方法得到的聚合物的分子量和分子量分布会因为批次和单体聚合活性差异而产生差别，对研究结构和性质的关系不利。

基于聚苯乙烯类 MJLCPs 独特的自组装特性，利用功能性客体分子结构与间隔基长度，可以实现液晶高分子链与客体分子结构基元的"耦合与去耦合"影响，建立多层次、多组分的可控自组装方法，在超分子层上实现功能性客体分子的可控有序自组装，并进一步实现其功能的调控，为功能客体分子结构基元"元素"按照预想方式组装成高度有序的结构提供了一条有效的途径，同时也为微器件的研究提供了新的机遇。这也是目前超分子化学、纳米科技、材料科学等领域的重要课题。

氢键型 MJLCPs 的主要研究内容是：在均聚物高分子体系中，通过高分子链的主体分子与功能性客体分子作用形成氢键复合物及相互作用与协同效应，以及不同侧基氢键复合物对高分子主链构象和功能性的影响，调控高分子分子链有序结构自组装及功能化，研究近 10 nm 有序结构自组装体的结构与性能关系，制备具有特定功能的自组装体系。在嵌段共聚物体系中，通过高分子链的主体分子与功能性客体分子作用形成氢键复合物及相互作用与协同效应，以及不同侧基氢键复合物对高分子主链和嵌段共聚物分子链构象与功能性的影响，调控嵌段共聚物在本体/溶液中的微相分离、自组装及功能化，研究 MJLCPs 氢键复合物对近 20 ~ 100 nm 及以上有序结构自组装的影响，并研究其结构与性能的关系，制备具有特定功能的自组装体系。

通过开展对氢键型超分子有序结构高分子的构筑与自组装的研究，将有助于我们认识一些未被充分认识的高分子链超分子自组装本质问题，如在高分子链超分子自组装中客体分子结构基元对高分子链超分子自组装结构、构象和性质的影响；发现分子以上层次物质科学中的新现象和新效应，认识自组装的本质与规律；揭示自组装体的结构与功能关系，构筑各种功能组装体系，为材料、生命和信息等领域提供创新的物质基础与理论指导。

利用 MJLCPs 独特的结构特征，设计合成基于含羧酸衍生物结构基元的 MJLCPs 体系，研究客体分子结构基元、不同侧基间隔基类型和长度、与高分子主链之间的氢键组装方式及相互作用，实现液晶高分子链与客体结构基元的"耦合与去耦合"影响，调控高分子链超分子自组装，有效地诱导客体结构基元的有序组装，更好地认识高分子链超分子自组装的诱导效应。同时在设计合成氢键型超分子自组装液晶高分子基础上，系统研究在固态或溶液状态下酰胺基吡啶和羧基形成的双重氢键复合物。研究氢键组装复合体系的热力学稳定性、高分子链超分子组装之间的协同作用规律，探索客体分子结构基元对超分子自组装液晶高分子在温度、pH、溶剂等变化下可控动态过程——氢键组装构象的变化及结构与加工性质间的相互关系。这些研究工作对于加深对功能性高分子基础理论的认识，特别是高分子科学，具有重大意义。通过以上研究，基于了解氢键型 MJLCPs 独特的自组装特性，建立多层次多组分的可控自组装方法，发展功能导向的自组装体系。

在研究过程中，研究人员要抓住高分子的分子结构与功能性客体分子结构基元的内在关联、氢键复合的高分子链超分子自组装凝聚态结构与功能的相互关系等关键科学问题，深入了解主客体组装基元间弱键相互作用的协同规律和对原有高分子分子链组装结构影响规律及可控组装过程与调控规律；通过系统研究功能性客体分子的氢键复合的超分子自组装有序结构的分子设计和可控合成与结构表征，获得具有应用前景的氢键组装型超分子自组装有序结构液晶高分子。

研究人员设计合成了以聚乙烯基对苯二甲酸（PVTA）为氢键受体，以不同类型的吡啶类衍生物为给体，通过改变侧链拓扑结构，构建了相态可控的超分子型 MJLCPs 体系。研究结果表明，吡啶类衍生物的化学结构、刚性和氢键的强度对最终超分子复合物的液晶性质有很大影响，其中两类复合物 PPANC$_x$ 和 PPANNEC 可以分别形成近晶 A 相和柱状向列相。与传统的共价型 MJLCPs 相比，通过氢键将给体构筑单元连接到聚合物侧链上，所得超分子聚合物具有分子量大、侧链种类可变、结构易调控、可循环利用等优点，可以很方便地制备功能性聚合物。这种模块化集成的策略，便于实现高效合成和功能化。另外，刚性链整体作为一个超分子液晶基元形成液晶相时，分子量的大小对其液晶性有很大的影响。通过非共价相互作用可以构建聚合度和分子量分布相同的超分子型液晶高分子，可以解决刚性液晶高分子构效关系研究受限于分子量和分子量分布差异的难题，实现对其相态和尺寸的精密调控。图 2-10 是通过氢键构筑的 MJLCPs 示意图。

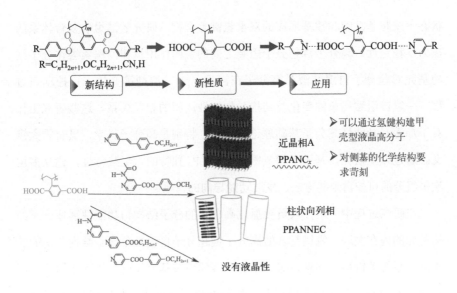

图 2-10   通过氢键构筑的 MJLCPs 示意图

　　研究人员进一步将含盘状苯并菲液晶基元的吡啶衍生物（PHTC$_6$）以一定的柔性间隔基通过氢键键合到 PVTA 和聚乙烯基对三联苯二甲酸（PBCPS）中，系统研究了甲壳型主链和受体含量对氢键复合物相行为的影响。如图 2-11 所示，复合物 PVTA（PHTC$_6$）$_x$ 在 $x < 0.5$ 时形成 Col$_n$ 相，在 $x > 0.5$ 时形成 Col$_h$ 相，并且苯并菲基元在六方柱状相的骨架中形成 N$_D$ 相。PBCPS（PHTC$_6$）$_x$ 则在低受体含量时形成 SmA 相，高受体含量时形成 SmA 相与 N$_D$ 相共存的多级有序结构。

　　从以上二实例可以看出，将具有不同拓扑结构的小分子利用氢键键合到聚合物主链中，可以构建一系列基于氢键的侧链液晶高分子，通过调控氢键给体和受体之间的复合比例，能够获得不同的相结构，并且实现不同相结构间的有序 - 有序转变。而以 MJLCPs 为主链，以其他液晶分子为侧链构建的主 / 侧链结合型液晶高分子则能形成以主链为骨架，侧链有序填充的多级有序结构。这些研究极大地促进了超分子液晶高分子的发展。

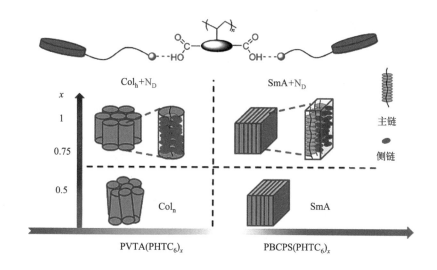

图 2-11　受体含量不同时 PVTA（PHTC$_6$）$_x$ 和 PBCPS（PHTC$_6$）$_x$ 的自组装结构示意图

　　虽然利用氢键构建一般的液晶高分子也已经有所报道，但这一工作首次通过氢键相互作用得到了具有稳定液晶相的超分子 MJLCPs，这对设计含氢键的液晶高分子和超分子液晶复合物具有指导意义，也有利于系统研究化学结构对液晶相结构的影响。此外，由于不需要合成新的单体，这种方法的另一个好处是可以降低成本。

2.5　氢键型嵌段共聚物

　　利用氢键将不同的小分子液晶基元接枝到含 MJLCPs 的嵌段共聚物中，可以制备新型超分子型液晶嵌段共聚物，并可研究其多级自组装行为，为构建多尺度有序纳米结构提供指导。除了具有基于氢键的嵌段共聚物的诸多优点之外，MJLCPs 链段的刚性性质能增强两链段之间的微相分离能力，每个重复单元中两个羧基的拓扑结构为小分子液晶基元的引入提供了较多的结合位点，增加了液晶基元的接枝密度，有利于通过调节小分子液晶基元的含量调控超分子液晶嵌段共聚物的自组装结构。对于 MJLCPs 链段侧基中的液晶基元，可以通过调节柔性间隔基的长度来调控主链和侧基中小分子液晶基元之间的耦合/去耦合作用，从而调节超分子液晶链段的相行为。MJLCPs 链段具有的结构多样性和液晶有序性也能影响侧基中小分子液晶基元的组装，考察小分子液晶基元在受限空间内的组装行为，从而弥补非刚性液晶嵌段共聚物研究中的不足。

　　研究人员设计合成了含 MJLCPs 的嵌段共聚物，通过调节 MJLCPs 链段侧基中苯环的数目来调节链段刚性；通过脱除 MJLCPs 重复单元中羧基的保护基团，来制备含羧基官能化的 MJLCPs 的嵌段共聚物前驱体。首先，研究人员设计合成了以聚二甲基硅氧烷-聚2，5-二（4-羧基苯基）苯乙烯（PDMS-b-PM3H，简写为 $D_m M3H_n$）为氢键给体，以含联苯液晶基元的棒状分子4-（（6-（（4′-（（4-己基苯基）乙炔基）-[1，1′-联苯]-4-基）氧）己基）氧基）吡啶（$HEBC_6$）为氢键受体，制备了一系列超分子型液晶嵌段共聚物 $D_m M3H_n(HEBC_6)_x$。由于 m 的值是恒定的，液晶嵌段共聚物的微相分离结构和液晶性与 n 和 x 的值有关。随着 n 和 x 值的增加，液晶嵌段共聚物可以在较大尺度上微相分离形成以 PDMS 为连续相的 HEX 结构、LAM 结构和反相 HEX 结构，超分子链段 $M3H_n(HEBC_6)_x$ 可以在较小尺度上发育出近晶 A 相（SmA），$HEBC_6$ 则通过 π-π 相互作用有序堆积，并且 SmA 相的形成与 π-π 相互作用是相互协同和促进的（图 2-12）。超分子型液晶嵌段共聚物可以形成两种多级有序的纳米结构，一种是大尺度层状结构和小尺度 SmA 相共存的多级有序结构，另一种是以 PDMS 为分散相的大尺度六方柱状结构和小尺度 SmA 相共存的多级有序结构。

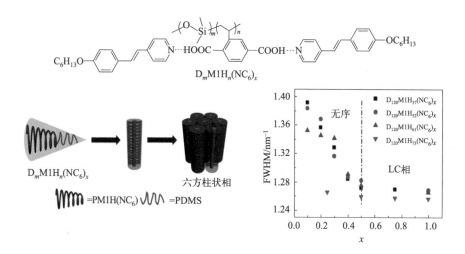

图2-12 氢键型嵌段共聚物结构、超分子组装及低角度区衍射峰半峰宽（FWHM）与氢键给受体摩尔比（x）的关系图

2.6 侧基含功能基元 MJLCPs

聚合物材料的性能与其化学结构和材料聚集态密切相关，如何通过控制材料化学结构来获得优化的微观形貌并由此获得更高的性能，给材料的设计带来挑战。通过分子结构设计，在聚合物链上引入多维度纳米结构基元，利用纳米结构基元化学结构和物理性质以及侧基间隔基性质和长度，实现聚合物分子链与纳米结构基元的"耦合与去耦合"影响，调控聚合物分子链超分子自组装，在超分子层上实现纳米结构基元功能分子的可控有序自组装，并进一步实现对其功能的调控，从而更好地认识聚合物分子链超分子自组装的诱导效应，为功能纳米基元"元素"按照预想方式组装成有序结构提供一条有效的途径，同时也为微器件的研究提供新的机遇。这也是目前超分子化学、纳米科技、材料科学等领域的重要课题。图 2-13 是对 MJLCPs 研究现状的第三次反思。

研究现状及问题的提出：

　　进一步增强液晶基元刚性强度及共轭性

　　可否使液晶基元采取有序排列？

① 结构：均聚物的液晶基元都是以近乎重心位置平衡对称地
　　　　 连接到主链上；
　　　　 在液晶基元两侧通过一定间隔基引入功能性大侧基团
　　　　 结构单元来改变侧基空间。

② 相态：形成液晶相的都是柱状相及向列相；
　　　　 结构的改变是否能带来相态的改变，得到有序度较高
　　　　 的相态？

③ 可控：分子结构的微调是否能带来相态的变化及功能化？

图 2-13　MJLCPs 研究现状的第三次反思

　　通过开展对含多维度纳米结构基元基近 10 nm 及埃级超分子自组装有序结构聚合物的构筑与自组装的进一步研究，我们可以在聚合物分子链超分子自组装体不同层次和尺度上，研究纳米结构基元有序结构的制备与聚合物分子链超分子自组装的机理，研究近 10 nm 及埃级超分子自组装有序结构的基本物理化学性质及其结构和性能的关系，探索近 10 nm 及埃级超分子自组装有序结构的聚集态结构、形貌与其功能的依赖关系，建立和完善近 10 nm 及埃级超分子自组装有序结构的表征技术。同时，我们也可进一步认识多层次结构在分子功能转化并放大到宏观材料方面的重要性，特别是认识多层次聚集态结构及其动态演变规律和纳微结构尺度效应等问题。

　　近 10 nm 及埃级超分子自组装有序结构的研究主要有三个层次：第一，设计合成聚合物分子链具有超分子自组装能力的单体和聚合物；第二，聚合物分子链能通过非共价键的协同作用，形成结构稳定的超分子有序聚集体；第三，利用侧基间隔基实现聚合物分子链与纳米结构基元的"耦合与去耦合"影响，聚合物侧基中纳米结构基元在聚合物分子链相互作用下能排列成多种可控尺寸的有序结构组装体。近 10 nm 及埃级超分子自组装有序结构体中聚合物链与纳米结构基元相互作用的"耦合与去耦合"性，是形成近 10 nm 及

埃级超分子自组装有序结构组装的关键。纳米结构基元与具有聚合物分子链超分子自组装性的聚合物相结合，通过纳米结构基元可控自组装，既可以产生新的超分子结构，也可以带来新的性质和功能。深入研究其组装的结构与性质的关系，将有助于我们认识一些未被充分认识的聚合物分子链超分子自组装本质问题，如在聚合物分子链超分子自组装中多维度纳米结构基元对聚合物链超分子自组装结构、构象和性质的影响及多维度纳米结构基元之间相互作用影响。图 2-14 为 MJLCPs 侧基尾联末端含纳米基元结构示意图。

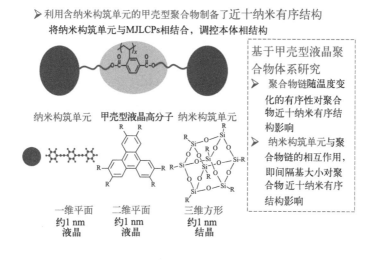

图 2-14　MJLCPs 侧基尾联末端含纳米基元结构示意图

　　本部分内容主要以聚苯乙烯主链的 MJLCPs 的超分子组装体为研究对象，研究聚合物分子链之间、聚合物分子链与侧基含多维度纳米结构基元分子之间、聚合物与分子聚集体之间组装过程，研究超分子组装体组分之间的弱相互作用协同效应及其本质，并通过调控非共价键作用制备不同尺度及形貌的有序组装体，实现组装体的功能。

　　不同功能纳米结构基元通过聚合物分子链超分子自组装形成近 10 nm 及

埃级超分子自组装有序结构。这类聚合物超分子自组装不仅保留了原有聚合物分子链超分子自组装有序结构和纳米结构基元的本征特性，还会通过组成物（包括纳米结构基元之间）的作用得到性能互补，实现协同性能，产生新的特性。同时通过对近 10nm 及埃级超分子自组装有序结构的研究可以发现新概念、新功能和新材料，代表了当前近 10nm 及埃级超分子自组装有序结构技术和自组装研究的发展方向，是化学、物理学、材料科学和生命科学等的前沿领域。

2.7 侧链含 2D 基元 MJLCPs

与无机半导体材料相比，有机半导体材料具有可调节的功能性、良好的加工性、质轻和低成本等优点。不过有机半导体的一大弊端是载流子迁移率较低，而液晶材料的有序性则有望解决这一问题。盘状液晶分子通过平面芳香性结构的 π-π 堆积和侧链的范德华相互作用自组装形成有序的、自愈性的超分子柱状结构。苯并菲液晶基元热稳定性好且合成相对简单，是被研究最为广泛的盘状液晶分子。

从聚合物构象角度，使用更加刚性的聚合物主链，如 MJLCPs 等，可能会降低苯并菲分子与主链之间的相互作用而有助于保持苯并菲的性质。为了进一步拓展 MJLCPs 体系，研究人员设计并合成了一系列侧基两端含苯并菲基元、主链为 MJLCPs 的主/侧链结合型液晶高分子 PPnV（n=3、6、12，代表侧基中间隔基的碳数），并系统研究了柔性间隔基的长度对聚合物液晶相行为的影响。差示扫描量热（DSC）、偏光显微镜（PLM）和广角 X 射线衍射（WAXD）等研究结果表明，改变间隔基长度可以调控聚合物两种不同液晶基元之间的竞争，从而得到不同的相结构。在相对较高的温度，所有聚合物都可以形成 MJLCPs 的柱状相；而在较低温度，侧链中的苯并菲基元在

MJLCPs 主链自组装所形成的柱状相内部形成盘状向列相，在室温下得到了苯并菲盘状液晶形成的盘状向列相和 MJLCPs 形成的超分子柱状相共存的多尺度有序结构。当连接基团较短时，侧基与主链间竞争与协同作用使得苯并菲分子可以形成盘状向列相的结构，而聚合物整体则可以形成长方柱状相和六方柱状相的结构。而当连接基团是 12 个亚甲基时，苯并菲与主链之间的耦合大大减弱，低温时苯并菲之间的自组装破坏 MJLCPs 的柱状相，体系中只有苯并菲的柱状相。高温时苯并菲变为各向同性，MJLCPs 的柱状相又出现。图 2-15 是二维基元引入 MJLCPs 的结构与超分子组装。

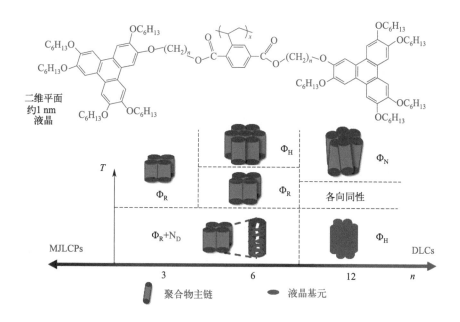

图 2-15　二维基元引入 MJLCPs 的结构与超分子组装

这一工作首次将苯并菲液晶基元引入可以形成二维有序结构的 MJLCPs 的侧基中，这对含盘状液晶基元的聚合物的分子设计也有一定的参考意义。此外，高温时对 MJLCPs 的柱状相进行剪切取向后将样品冷却至室温，苯并菲形成的柱状相具有和高分子主链相同的取向，因此可以通过取向高分子主链以控制苯并菲自组装结构的取向。苯并菲形成柱状相时，因相邻分子间存在较大的 π 轨道重叠，其具有一维电荷传输能力，因此可望将苯并菲引入到 MJLCPs 的侧基中得到高度有序的组装结构，以期得到高载流子迁移率材料。通过对超分子柱状相中苯并菲分子有序排列方式进行调节，这类聚合物在有机半导体领域有一定的应用前景。以上这些研究成果有助于深入理解 MJLCPs 液晶相态形成的一般规律，并对设计合成具有特定相态的液晶高分子具有指导意义，有助于今后筛选出合适的聚合物构建液晶嵌段共聚物或作为功能材料使用。

2.8　侧链含 3D 基元 MJLCPs

有机 - 无机杂化纳米材料具有多种多样的组成、形貌和功能，诸多的新性质和功能使得这类材料不论在学术界还是工业界都引起了非常多的重视。POSS 本身即是一种有机 - 无机杂化纳米材料，它具有特定的三维（3D）立体形状、化学组成、功能基团和优异的组装能力。POSS 含有刚性的无机内核，具有纳米级尺寸，将其引入材料中通常可以带来更好的机械和热稳定性，因此 POSS 被广泛应用于高分子材料、复合材料、光学材料、涂料、液晶、金属催化剂、药物载体和组织工程等诸多领域，尤其在专利文献中有很多报道。

由于 POSS 具有独特的性质和可调的表面功能基团，人们可以很方便地将其引入聚合物体系中形成含 POSS 基元的聚合物材料。由于 POSS 的引入，这类有机 - 无机杂化材料具有玻璃化转变温度高、机械强度好、阻燃性能优、氧气通透性好、介电常数低和生物相容性好等优点。POSS 可以通过共聚、嵌段、封端、接枝和交联等不同的方法连接到聚合物链中。无论通过以上哪种方法连接，在聚合物中 POSS 基元均不同程度地表现出原有的性质和聚集倾向，所形成的组装结构及其有序度与 POSS 基元在体系中的含量有关，总体上含量越大所形成的有序微区尺度越大，有序度越高。

研究人员将具有结晶性的 POSS 基元引入 MJLCPs 的侧链中，来研究结晶的 POSS 基元和 MJLCPs 的相互作用，以及 POSS 的引入对这类有序杂化聚合物相行为的影响。含 POSS 基元的 MJLCPs，PnPOSS（n=6，10）的分子设计如图 2-16 所示。这里研究人员选用了 C$_6$ 和 C$_{10}$ 两种连接链，是因为 POSS 具有很大的空间位阻效应，连接链较短时没有办法得到高分子量的聚合物样品。研究侧链中较大体积的 POSS 基元的引入对 MJLCPs 相行为的影响，以及不同长度的柔性间隔基对 PnPOSS 系列有机 - 无机杂化聚合物相行为的调节作用，构筑近十纳米尺度和埃尺度共存的多级有序结构，为纳米科技领域提供潜在应用。研究结果表明，PnPOSS 的 T_g 随间隔基延长而下降，相行为也与间隔基长度相关：当间隔基为较短的 C$_6$ 时，POSS 基元的结晶受到很大限制，PnPOSS 的相行为由 MJLCPs 主导；当间隔基增长到 C$_{10}$ 时，POSS 和 MJLCPs 主链间的耦合作用减弱，二者变得更加独立。随着聚合物中柔性间隔基的增长，POSS 基元的结晶与主链的液晶竞争作用减弱，在 POSS 形成正交结晶的同时，聚合物发育出六方柱状相（a=b=4.80 nm）。聚合物中每个重复单元的尺寸是 0.25 nm，而每个 POSS 基元的尺寸是 1 nm，所以每 4 个重复单元周围有 8 个 POSS，使得聚合物链呈柱状，也有利于六方柱状相的形成。高温时 POSS 基元的 K$_H$ 晶体结构熔融，聚合物形成以聚合物主链为超分子柱状液晶基元的 Φ$_H$ 相；低温时侧链中的 POSS 基元结晶形成 K$_H$ 相，同时主链 MJLCP 形成的 Φ$_H$ 相至室温依然保持，形成纳米尺度和埃尺度共存的多级有序结构。结晶性的 POSS 基元较液晶性的苯并菲基元具有更强的聚集组装能力，它对 MJLCPs 在室温时的液晶相有更好的稳定作用。在这种聚合物中 POSS 基元的引入，为聚合物提供了刻蚀选择性，有望通过刻蚀掉主链而得到单分散的、尺寸在 5 nm 左右、有序度高的多孔材料。

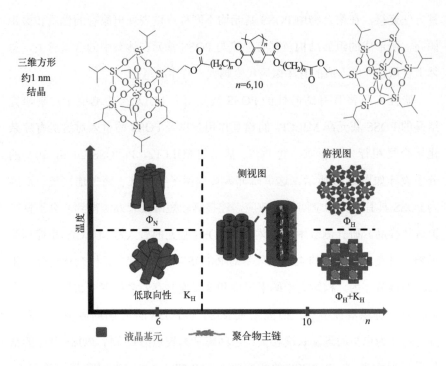

图 2-16 三维基元引入 MJLCPs 侧链示意图

2.9 MJLCPs 基拓扑结构

　　具有超分子液晶相的 MJLCPs，其分子链的拓扑结构是否会对其自组装行为产生影响，一直是科学家们关注的研究课题。针对多位点单体引发聚合过程中引发效率低及所得聚合物分子量难调控的问题，研究人员开展了以硅笼为核，PMPCS 为臂的八臂星形 PMPCS 分子的设计与表征，建立了由单体的可控合成、聚合物分子量的精确测定到 MJLCPs 超分子自组装的方法。以该聚合物为星形聚合物模型，可以非常方便地比较星形 MJLCPs 聚合物与线型聚合物之间性质的差异。研究发现，该类星形聚合物可通过 ATRP 方法进行控制合成，星形聚合物接枝率约为 7 ～ 8，且分子量分布很窄，没有出现由于接枝密度高而导致的耦合等问题。系统研究了该体系的合成方法、凝聚态结构以及液晶性和分子量依赖性之间的关系，从实验上定量地证实了多引发位点时引发效率随聚合物分子量增加而明显变化的规律，即随聚合进行，位阻效应会使得一些引发位点被包埋，导致星形聚合物各臂的聚合度大小不一。

研究发现这类星形 PMPCS 的液晶行为同样具有分子量依赖性，当 GPC（凝胶渗透色谱）测定的分子量大于 4.48×10^4 时，星形 PMPCS 具有 Φ_{HN} 相。研究结果表明，对于这类具有超分子结构的棒状液晶高分子来说，接枝点的引入有利于聚合物链与链之间的排列，使其液晶相的出现更容易，并且有序度更高、更稳定。POSS 在星形 PMPCS 中没有发生结晶聚集，而是均匀地分散在八臂星形 PMPCS 中。同时，研究人员还揭示了具有超分子自组装结构的 MJLCPs 多接枝点的引入导致的分子量效应更有利于液晶相的形成、有序化和稳定的规律。研究结果对于实现多臂聚合物的可控聚合，制备具有明确结构和分子量的自组装结构，理解其结构与性能关系，获得特定功能的高分子材料，具有重要的意义。这一研究结果为 PMPCS 分子无机 - 有机杂化功能化分子设计提供了理论基础。图 2-17 是八臂星形 PMPCS 的结构式。图 2-18 是八臂星形 PMPCS 分子量与超分子组装结构关系。

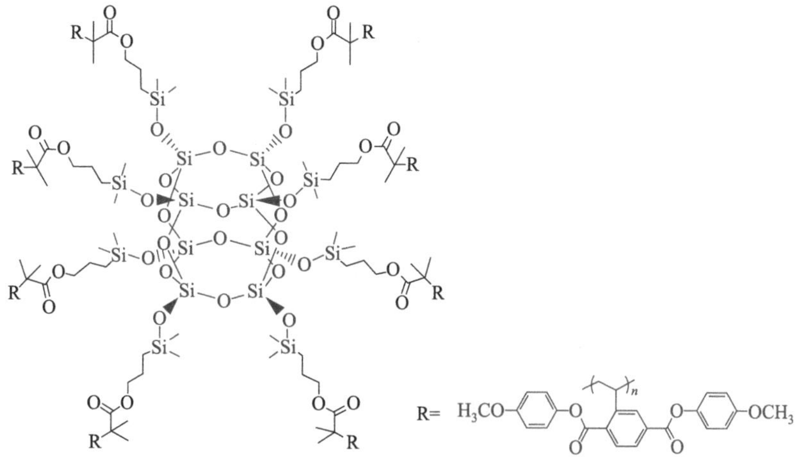

图 2-17　八臂星形 PMPCS 的结构式

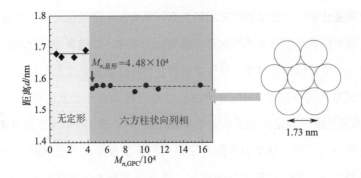

图 2-18　八臂星形 PMPCS 分子量与超分子组装结构关系

2.10　含 MJLCPs 的嵌段共聚物

反思：如何利用 MJLCPs 的特点进行嵌段共聚物组装？改变嵌段液晶共聚物链段性质及共聚物组成，可以调整嵌段共聚物的液晶性质及自组装形貌。刚性链段的存在对刚性链嵌段共聚物的聚集形貌具有明显的影响。利用"活性"/可控聚合反应的方法可得到具有主链型液晶聚合物性质的均聚物以及嵌段共聚物等多种拓扑结构的聚合物。潜在应用领域是纳米模板、全息照相、热塑性弹性体、光电材料、功能性膜等。图 2-19 是嵌段共聚物自组装潜在应用示意图。

图 2-19　嵌段共聚物自组装潜在应用示意图

由于嵌段共聚物在调控聚合物性能方面的重要性及其所具有的丰富的自组装行为，嵌段共聚物已经成为科学家们研究自组装的重要模型和研究热点。嵌段共聚物的本体自组装有层状、六方柱状、立方等丰富的有序相结构，在纳米材料的研究中具有重要的价值。刚 - 柔嵌段共聚物（例如液晶嵌段共聚物）自组装形成的多尺度有序结构在光物理、电化学和生物等领域有广泛的应用。由于刚性段间相互作用较大，在刚柔二嵌段共聚物组装过程中倾向于形成层状结构以降低界面能。不过，在不同的体系中也有非层状结构出现，如六方柱状结构。

液晶嵌段共聚物的自组装结构及其作为功能材料的应用是 MJLCPs 研究领域的核心研究内容。作为刚性链，MJLCPs 可以作为刚性构筑单元，用于构建液晶嵌段共聚物。通过分子设计，选择合适的组成聚合物，利用可控聚合的方法，可以制备液晶嵌段共聚物并对其多层次自组装结构进行调控。

以 MJLCPs 为基础，运用分子自组装和模板技术，可产生自组装成型加工技术的新思路，发展实现功能性微结构图案的理论方法和实验技术，实现可控自组装微结构图案的调控。这种嵌段共聚物既可以在 10 ～ 100 nm 的尺度上发生微相分离，又保持了 MJLCPs 在亚十纳米尺度上的有序性。更重要的是：①可以可控地通过共价键或者非共价键在单体中引入一个或者多个纳米构筑单元，所得的聚合物不但具有后修饰的性质，而且纳米粒子含量很高，有利于纳米粒子性质的体现；②两链段可以含有不同的纳米构筑单元，可以在制备微相分离、液晶以及结晶结构共存的多级有序结构的同时，研究不同形状的纳米构筑单元对嵌段共聚物组装结构的影响。图 2-20 是不同分子组成的嵌段共聚物结构模型示意图。

在嵌段共聚物的自组装研究中，如何获得特定的结构（如双连续相）并精确调控其尺寸（特别是 10 nm 以下尺度），以满足先进纳米材料的要求，仍然是一个巨大的挑战。MJLCPs 形成的刚棒结构具有很好的结构可调节性，其中刚棒的长度可以通过聚合度来控制，以此构建的刚 - 柔型、刚 - 刚型及刚 - 柔 - 刚型嵌段共聚物体系。这类嵌段共聚物在结构与性能关系研究中具有独特的优势。MJLCPs 的引入能增强嵌段共聚物的微相分离能力，并促进和稳定其自组装结构，有助于获得可用于制备三维贯通纳米多孔材料的双连续相结构。这些体系也可以用来调控液晶高分子的相态和相行为，有助于深入理解 MJLCPs 的液晶相形成机制。刚 - 柔型嵌段共聚物的合成及其自组装行为的研究是目前软物质研究领域的一个热门方向。MJLCPs 具有刚性链特性，形状和尺寸可调，且具有稳定的液晶相（多数在降解温度前仍能保持液晶性）。

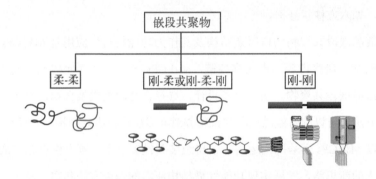

图 2-20 不同分子组成的嵌段共聚物结构模型示意图

2.11 刚 - 柔型嵌段共聚物

研究人员设计合成了无机 - 有机 - 柔型嵌段共聚物——PDMS-*b*-PMPCS 共聚物，如图 2-21 所示。

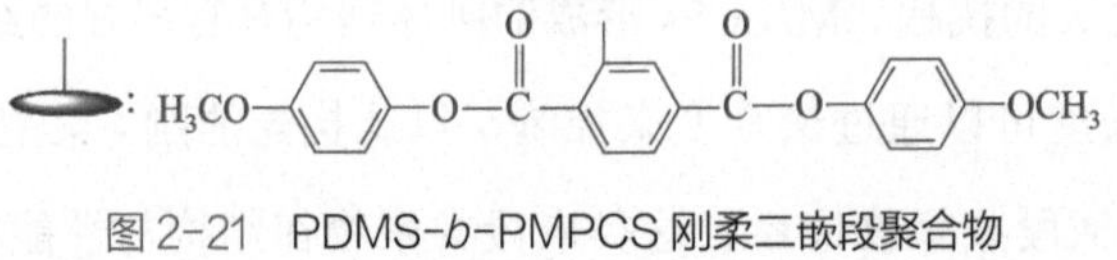

PDMS-*b*-PMPCS(DM)

图 2-21 PDMS-*b*-PMPCS 刚柔二嵌段聚合物

　　研究结果表明，低分子量的 PDMS-*b*-PMPCS 随着 PMPCS 链段的增长形成了多种有序结构，通过温度的改变得到 GYR-*Fddd* 和 HEX-BCC 两种结构转变。PMPCS 链段较长的嵌段共聚物得到 HEX-LAM 转变，并在 PMPCS 处于液晶态时，得到稳定的 LAM 和 HEX 结构。图 2-22 是 PDMS-*b*-PMPCS 刚柔型二嵌段聚合物超分子组装相图。

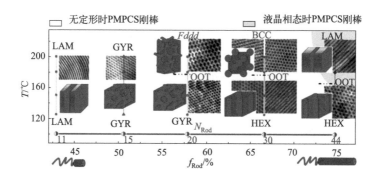

图 2-22　PDMS-*b*-PMPCS 刚柔型二嵌段聚合物超分子组装相图

　　另外，研究人员还设计合成了另一个无机 - 有机 - 柔型嵌段共聚物——PDMS-*b*-PBPCS 共聚物，如图 2-23 所示。研究结果表明，MJLCPs 聚 [2, 5- 双（对丁氧基苯甲酰氧）苯乙烯]（PBPCS）表现出非寻常的液晶相行为。当分子量较低时，PBPCS 不具有液晶性；当分子量足够大时，升温时从各向异性转变到液晶态，降温时，液晶相消失。研究人员通过精心设计并利用可控聚合制备了一系列窄分子量分布、组成明确、含不同分子量 PBPCS（体积分数从 77% 到 90%）和聚二甲基硅氧烷的二嵌段共聚物（PDMS-*b*-PBPCS），选用 PDMS 是为确保嵌段共聚物发生强相分离并且便于用小角 X 射线散射（SAXS）及透射电镜（TEM）进行结构研究。通过 SAXS 和 TEM 研究了嵌段共聚物的本体自组装结构随温度的变化。结果表明，这些嵌段共聚物在 PBPCS 处于各向同性态的温度下退火后都自组装形成了体心立方结构；而其中 PBPCS 分子量较低且不能在高温下形成液晶相的嵌段共聚物在温度变化时一直是柔 - 柔型嵌段共聚物，其微相分离结构也不会发生转变；所含 PBPCS 链段可以在高温下形成液晶相的嵌段共聚物随温度变化 PBPCS 链段在各向同性态和液晶态之间可逆地转变时，嵌段共聚物在柔 - 柔型和刚 - 柔型嵌段共聚物之间可逆地转变，同时微相分离结构也在体心立方与六方柱状结构之间可逆地转变。图 2-24 是 PDMS-*b*-PBPCS 合成与本体自组装相图。

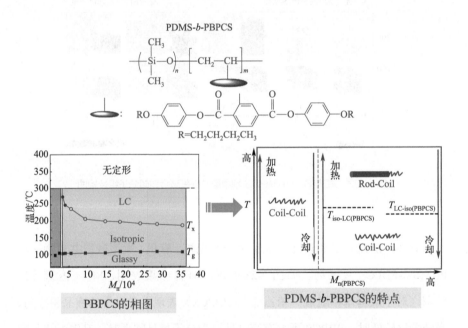

图 2-23 PDMS-*b*-PBPCS 合成与本体自组装

这一工作利用 PBPCS 的特殊液晶相行为，创新性地制备了同时具有柔 - 柔和刚 - 柔特点的嵌段共聚物体系，本体自组装行为研究结果阐明了液晶相和微相分离结构两种不同尺度结构的形成过程之间的相互影响和竞争规律，同时，可以利用 PBPCS 的特殊相转变实现对嵌段共聚物自组装结构的精确调控。其科学意义是利用 PBPCS 的特殊液晶相转变诱导嵌段共聚物微相分离结构发生与一般液晶嵌段共聚物顺序相反的有序 - 有序转变。具有热可逆有序 - 有序结构转变的嵌段共聚物在热响应纳米材料中具有潜在的应用价值。

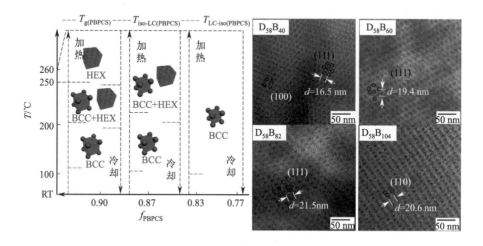

图 2-24　PDMS-*b*-PBPCS 合成与本体自组装相图

2.12　刚 - 刚型嵌段共聚物

根据嵌段共聚物两段刚柔性质的不同，可以将嵌段共聚物分为柔 - 柔型、刚 - 柔型、刚 - 刚型嵌段共聚物。对于柔 - 柔型和刚 - 柔型嵌段共聚物，科学家进行了广泛的研究，由于合成等方面原因，刚 - 刚型嵌段共聚物的研究至今仍然是一个新兴的科学领域，对其合成、自组装结构、本体及溶液性质的研究尚处于探索阶段。

在研究刚 - 柔型嵌段共聚物的基础上，研究人员首先利用可控聚合（原子转移自由基聚合和开环聚合方法）分别成功合成了结构明确、分子链末端带有功能基团的 PMPCS 和聚多肽 PBLG（聚谷氨酸苄酯），随后通过铜催化的点击化学反应制备了一系列不同组成的刚 - 刚型嵌段共聚物 PMPCS-*b*-

PBLG。研究人员通过一维（1D）和二维（2D）广角 X 射线衍射（WAXD）以及透射电镜（TEM）等表征手段对嵌段共聚物的多层次自组装结构进行了系统研究，考察了液晶相的形成和微相分离之间的相互影响，揭示了 PBLG 含量增加时聚合物的微相分离结构从无序到有序、从层中含柱到柱中含柱多层次结构的转变规律，发展了调控这类新型刚 - 刚型嵌段共聚物多层次结构的方法。在研究两种刚性链段尺寸不同的刚 - 刚型嵌段共聚物的过程中，揭示了柱径的不匹配对两种刚性链段液晶性及嵌段共聚物自组装结构的影响规律。另外，聚多肽的功能性与 MJLCPs 的液晶性相结合有望开辟一个新的研究领域。图 2-25 是刚 - 刚型嵌段共聚物 PMPCS-*b*-PBLG 超分子组装结构。

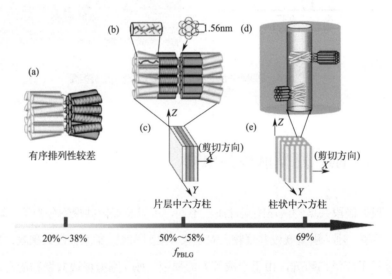

图 2-25　刚 - 刚型嵌段共聚物 PMPCS-*b*-PBLG 超分子组装结构

这个工作首次将点击化学引入刚 - 刚型嵌段共聚物的合成中，是刚 - 刚型嵌段共聚物设计与合成方面的一个创新，并获得了调控这类新型刚 - 刚型嵌段共聚物多层次结构的方法。这一体系在分子水平上的可控性为研究刚 - 刚型嵌段共聚物提供了一个很好的平台，为这类嵌段共聚物的实际应用提供了理论及实验基础。

2.13　刚 - 柔 - 刚型嵌段共聚物

研究人员以 MJLCPs 为刚性链段，PDMS 为软段，设计合成了多个 ABA 型刚 - 柔 - 刚型三嵌段共聚物体系（PMPCS-PDMS-PMPCS），研究了其多层次有序结构随组成和温度的变化规律，阐明了其中 PMPCS 链段的液晶相转变和嵌段共聚物微相分离结构的有序 - 有序转变的机制，并利用改变温度时 MJLCPs 的液晶相转变实现了对此类三嵌段共聚物复杂自组装结构的有效调节。这些研究成果有助于更加深入地了解液晶态和微观相分离之间相互影响的规律，对热塑性液晶弹性体的分子设计具有重要的指导意义。

刚 - 柔 - 刚型三嵌段共聚物超分子组装结构如图 2-26 所示。研究结果表明，首先嵌段共聚物分子链超分子组装形成六方柱状相，PDMS 为柱、PMPCS 为连续相的微相分离结构，在连续相内，PMPCS 形成近晶结构，主链相互平行排列于层内，层的法线方向平行于 PDMS 柱的方向，在层内，考虑到液晶基元的分子长度是 2.0 nm，所以液晶基元以 51° 的倾斜角排在层内，相互之间具有六次对称性。当然，对于这样一个"双六方"的结构，并不贯穿于整个体系，可能存在缺陷或者扭曲。

在刚 - 柔 - 刚型三嵌段共聚物中，刚性段的运动受到柔性段的限制，如果在体系中添加均聚物可以调节刚性段和柔性段的有序排列，进而得到不同的形貌。为了进一步实现对三嵌段共聚物组装结构的调控，研究人员将柔性的聚异丁烯（PIB）或刚性的 PMPCS 均聚物添加到具有层状或六方柱状结构的 PMPCS-*b*-PIB-*b*-PMPCS 刚 - 柔 - 刚三嵌段共聚物中以调节所得共混物的形貌。小角 X 射线散射（SAXS）和透射电镜（TEM）的研究结果表明，所得的刚 - 柔 - 刚型三嵌段共聚物和均聚物的共混物的形貌均为层状相。图 2-27

是三嵌段共聚物中添加 A 或 B 均聚物调控微相分离结构。

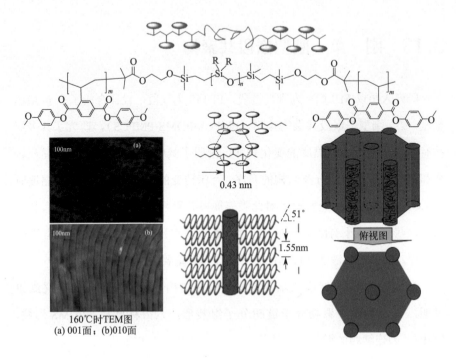

图 2-26　刚－柔－刚型三嵌段共聚物超分子组装结构图

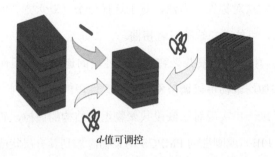

图 2-27　三嵌段共聚物中添加 A 或 B 均聚物调控微相分离结构

这个工作将刚性或柔性均聚物添加到比柔 - 柔型嵌段共聚物和刚 - 柔型

嵌段共聚物更加复杂的刚 - 柔 - 刚型三嵌段共聚物中，实现了对共混物形貌的调节。这种通过共混来调节嵌段共聚物形貌的方法较传统的、复杂的合成而言，操作更加简单、容易实现，成本也更低。

2.14　树枝－线型嵌段共聚物

嵌段共聚物大分子的构象和组装受到所处环境的强烈影响。研究发现，当嵌段共聚物处于空间受限环境中时，其组织结构会受到影响。空间受限所导致的熵减等会导致其组装行为与经典平衡行为明显偏离，从而形成一些本体中不能形成的新颖结构。因此，嵌段共聚物在空间受限条件下的组装行为受到越来越多的关注。根据空间受限维数可以将受限组装分为一维、二维和三维受限体系；根据受限空间的性质分为硬受限和软受限体系。一维受限组装，即只在一个方向上受到空间限制，如嵌段共聚物的薄膜组装就是一个典型的一维空间受限组装，当薄膜厚度不是周期尺寸的整数倍时，会使嵌段共聚物的排列受阻，得到不同的组装形貌，如穿孔层状相就是由受限效应诱导形成的。二维受限组装是只在二维方向受到空间限制的组装，如通过毛细管作用将聚苯乙烯 -b- 聚丁二烯（PS-b-PB）吸入纳米多孔氧化铝薄膜中，可得到丰富的组装结构。三维受限的程度高，可以形成比一维和二维受限更丰富、更独特的组装结构。在软受限条件下，嵌段共聚物链的运动能力相对更好，因此更容易通过改变温度来调节组装形貌。

一般来说，嵌段共聚物在受限空间中的组装形貌主要与三个因素有关：①嵌段共聚物的组成。②受限程度（D/L_0，D 是受限空间的尺寸，L_0 是嵌段共聚物在本体平衡态时的组装结构周期尺寸）。受限程度越大（即 D/L_0 的值越小），其组装行为受到的影响越强烈，从而形成与本体组装不同的结构。③界面与聚合物的相互作用，当界面与不同聚合物链段之间的作用力相近时会形成中性界面。相反地，当界面与其中一段强烈相互作用时，会形成界面完全由这一段包覆的结构。因此，通过对受限空间的形状、尺寸以及表面性质进行调节，可以实现对嵌段共聚物在空间受限下组装结构的调节。

研究人员设计合成了含 PEO 链的不同代数树枝型聚合物与 PMPCS 的二嵌段共聚物 PEG（G_m）-b-PMPCS（m 为树枝分子的代数，m = 1，2，3），研究了在选择性溶剂中受限条件下的自组装行为。即先用良溶剂将嵌段共聚物溶解，然后向其中逐渐加入不良溶剂使聚合物沉淀析出成微球，通过良溶剂的挥发驱动嵌段共聚物组装得到更接近平衡态的结构。其中，良溶剂和不良溶剂互溶，且良溶剂的沸点较低，较容易挥发。研究结果表明，随树枝分子代数增加，分别形成热力学稳定的囊泡、大复合囊泡及短柱状胶束，刚性PMPCS 链的引入有利于形成热力学稳定的大复合囊泡。针对含二代树枝分子的样品 PEG（G_2）-b-PMPCS，研究了具有制样途径依赖性的形貌变化过程。研究结果发现，通过缓慢加水的途径可以保证体系的热力学平衡态，聚集体结构经历了囊泡与柱状胶束混合物、纯囊泡到大复合囊泡的转变过程。通过系统研究和分析，研究人员阐明了嵌段共聚物的组成、聚合物分子量、温度和溶剂对该嵌段共聚物在选择性溶剂中聚集和组装行为演化过程的影响，揭示了球形组织体的直径随刚性段和柔性段变化的规律，实现了该聚合物在选择性溶剂中受限条件下聚集体形貌的定量调控。图 2-28 为树枝 - 线型嵌段共聚物溶液中受限空间组装。

该工作首次实现了两亲性树枝 - 线型嵌段共聚物的受限溶液自组装和分子的宏观自组装，制备了包括管、胶束、囊泡、大复合囊泡在内的多维、多尺度超分子结构。与线型嵌段共聚物自组装相比，两亲性树枝 - 线型嵌段共聚物自组装呈现了独特的优势，包括组装结构的多样性、特殊的组装机制、容易功能化及灵敏的响应特性等，同时还具有代数变化，因此表现出了独特的自组装机理。

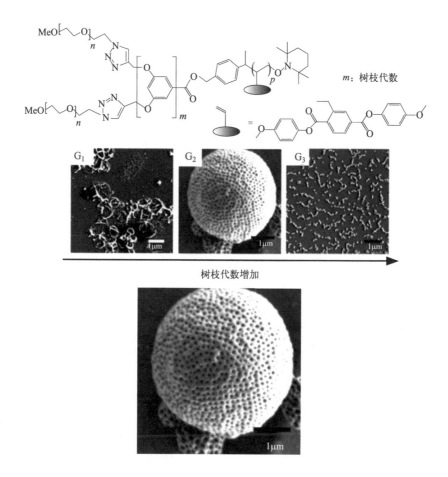

图 2-28　树枝 - 线型嵌段共聚物溶液中受限空间组装

　　另外，研究人员还在树枝 - 线型嵌段共聚物体系中引入了高温时能形成柱状液晶相的 POVBP（聚 2- 乙烯基二联苯 -4，4′ - 对苯二辛醚）线型段，通过氮氧自由基溶液可控聚合的方法，合成了苄醚树枝末端修饰 PEG 的刚 - 刚型 PEG（G$_3$）-b-POVBP 树枝 - 线型嵌段共聚物。研究结果表明，在本体高温时，合成的嵌段共聚物形成了层状结构，在层的内部，POVBP 形成柱状液晶相。因此，体系形成了层状结构内部为柱状液晶相的多级结构。图 2-29 是 PEG（G$_3$）-b-POVBP 分子结构与超分子组装结构。

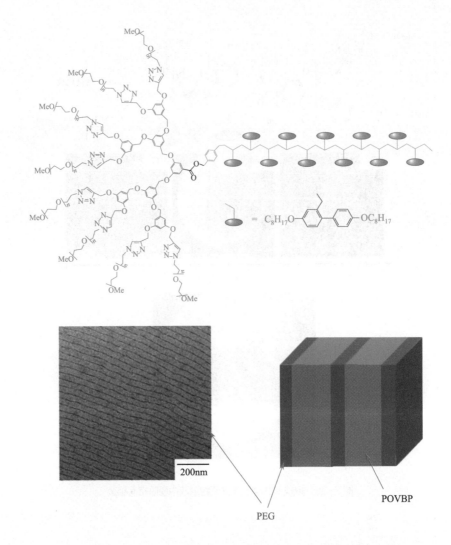

图 2-29　PEG（G₃）-b-POVBP 分子结构与超分子组装结构

　　以上研究工作利用分子设计学的理念，设计和合成了合适的液晶嵌段共聚物，为构筑多层次复杂组装体系提供了新的思路和材料基础。以上研究成果有助于更加深入地了解液晶相形成和微相分离之间相互作用的规律，这对复杂高分子体系的分子设计具有重要的指导意义，同时也有助于开发新的功能材料，如多孔薄膜材料。

在本章研究工作中，研究人员系统研究了 MJLCPs 的可控聚合性、刚棒直径和刚棒表面化学性质精确控制与修饰的特点以及其在溶液中的自组装与高分子材料性能之间的关系，阐释了这些体系的亚稳态结构及其形成机理，研究了聚合物组装动力学，得到了多层次有序自组装结构的形成、发展及演变机制的成因；成功制备了可控多嵌段共聚物，深入了解了较低尺度的液晶态和较高尺度的微相分离结构的形成规律，获得了这两种不同尺度结构形成过程之间的相互影响和竞争规律，实现了对这一体系特定复杂结构的精确调控。

第 3 章

MJLCPs 近晶相

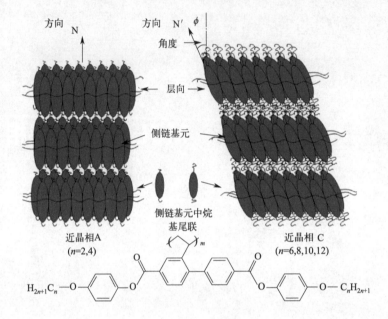

方向 N

方向 N′ φ

角度

层向

侧链基元

侧链基元中烷基尾联

近晶相A
(n=2,4)

近晶相 C
(n=6,8,10,12)

$H_{2n+1}C_n$—O—〇—O—〇—〇—O—〇—O—C_nH_{2n+1}

创新性研究工作:

    首次发现了 MJLCPs 近晶相与分子结构之间的关系,实现了对凝聚态结构的调控,拓展、完善了 MJLCPs 链超分子组装成型机制,获得了重要的特定结构,提供了聚合物多级组装与功能化的研究平台。

　　MJLCPs 的分子设计及其相关科学问题是，利用 MJLCPs 分子几何形态、电子结构等理论，通过在原子、分子尺度水平上的调控与设计，研究新的功能聚合物的合成方法与原理，优化结构设计，发展相关理论和制备技术。重点研究 MJLCPs 超分子组装构象中尚未解决的重大基础问题。

　　MJLCPs 概念的提出和发展为新型高分子材料的设计与合成提供了新的机遇。在 MJLCPs 结构与性能的研究中，MJLCPs 刚性侧基的体积效应对液晶相态产生的影响，一直是我们关注的另一个研究课题。从结构设计角度出发可以看出，目前 MJLCPs 结构设计大致上可以总结出以下几个特点：首先是含棒状液晶侧基的 MJLCPs，其侧基都是通过重心或非常接近重心的位置连接到主链上的。这主要是从最大限度上减少主链与侧链相互作用力矩的角度考虑的。其次是这种含平衡对称的棒状液晶侧基的 MJLCPs 目前只能形成 N 相、Φ_R 相、Φ_H 相等相态。研究人员对到目前为止的研究工作进行反思，改变液晶基元的连接方式是否有可能对"甲壳效应"产生影响？由此带来的液晶相态的改变如何？可以设想，在保持液晶基元刚性棒状结构的基础之上，如果空间位阻还是 MJLCPs 形成液晶相态的主导因素，也就是说如果侧链液晶基元之间的相互作用足够强的话，之前出于将主链作用于侧链的力矩减到最小的考虑似乎就不是完全必要了。从结构设计角度出发，上述思路就演变成将原先近乎平衡对称连接在主链之上的液晶基元设计成以不平衡对称的方式连接到主链上。虽然这样会大大增加主链对侧链有序排列的干扰，但如果甲壳效应仍然保持其支配作用的话，所设计合成的含不对称液晶基元的 MJLCPs 应该依然存在稳定的液晶性。具体来说，就是在以往研究得比较透彻的 PBPCS 对应的单体 BPCS 的结构之上，添加一个苯环来改变其平衡对称性，研究液晶基元以不对称方式连接到主链上对聚合物液晶相态的影响。增加侧基核的不对称性，实际上是增加了侧基的刚性。

若在保持液晶基元刚性棒状结构的基础上，增加取代基与主链连接位置的不对称性，即增加侧基的刚性，增加液晶基元之间的相互作用，体系是否存在新的相结构？

3.1　增加侧基刚性 MJLCPs

近年来在如下几个方面进行了一些有益探讨。根据 MJLCPs 模型理论，提出了侧基核为二联苯结构、侧基为双噁二唑基结构、侧基含氢键链接基及侧基链未带含离子键等 MJLCPs，期望合成出有可能存在的 MJLCPs 超分子组装构象中新的凝聚态结构，为 MJLCPs 功能化研究奠定基础。图 3-1 是对 MJLCPs 研究现状的第四次反思。

研究现状及问题的提出：
　　主链热运动破坏侧基有序。增强液晶基元强度可否使液晶基元采取有序排列？
①结构：均聚物的液晶基元都是以近乎重心位置平衡对称地
　　　　连接到主链上，
　　　　在液晶基元上添加一个苯环来破坏其原有的平衡性。
②相态：形成液晶相的都是柱状相及向列相；
　　　　结构的改变是否能带来相态的改变，得到有序度较高
　　　　的相态？
③可控：分子结构的微调是否能带来相态的变化？

图 3-1　MJLCPs 研究现状的第四次反思

早期设计合成的 MJLCPs 主要为 Col 相，研究的重点更多地集中在侧基柔性尾链的分子设计上。实际上，MJLCPs 侧基中的刚性结构对液晶相态也有重要的影响。通过改变侧链的结构，得到与柱状相不同的超分子液晶组装

结构是一个极具挑战性的课题，有助于揭示 MJLCPs 中凝聚态结构与侧链和主链化学结构之间关系的规律。

周其凤教授研究组设计合成了侧基刚性核中含二联苯系列 MJLCPs，首次使 MJLCPs 形成近晶相（Sm 相），通过精确调控侧链刚性结构实现对 MJLCPs 构象和超分子液晶相态的调控，即当刚性侧链具有较大长径比及侧链间存在较强相互作用时，聚合物链整体呈片状构象，进而排列形成 Sm 相。同时，通过改变侧基中柔性尾链的长度，可以实现不同液晶相之间的转换。此外，通过调控侧链的拓扑结构，也可以实现对 MJLCPs 液晶相态的有效调控。以上研究结果给研究者在分子设计上的启示是，增加侧链的刚性为一种有效实现 Sm 相的方法。这一研究成果为 MJLCPs 的功能化研究提供了新的分子结构设计思路和方法。图 3-2 是侧基为二联苯基结构的 MJLCPs 分子结构与 X 射线衍射图。图 3-3 是侧基为二联苯基结构的 MJLCPs 超分子组装结构。

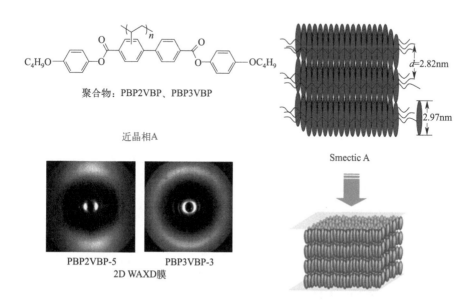

图 3-2　侧基为二联苯基结构的 MJLCPs 分子结构与 X 射线衍射图

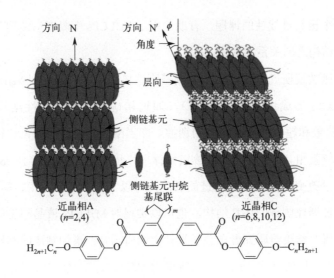

图 3-3　侧基为二联苯基结构的 MJLCPs 超分子组装结构

　　研究结果表明，含有不平衡对称液晶基元的 MJLCPs，其液晶相态有着非常独特的、不同于以往的有序性，并且其相态受侧链液晶基元的烷基尾链的长度影响：当尾链碳数小于等于 4 的时候（n=2，4），聚合物的液晶相态为 SmA 相；而当尾链碳数大于等于 6 的时候（n=6，8，10，12），柔性烷基尾链的作用就不可忽视，液晶基元被迫发生偏转，聚合物发育出 SmC 相。

　　在保持液晶基元刚性棒状结构的基础上，增加取代基上刚性环的个数，即增加液晶基元的刚性及其相互作用，首次在 MJLCPs 中得到近晶相结构，且通过改变侧基尾链的大小可实现对相结构的调控。MJLCPs 的这种层状液晶结构的形成与控制，对于 MJLCPs 在非线性光学材料等功能材料的应用上具有重要意义。图 3-4 是对 MJLCPs 研究现状的第五次反思。

　　若在保持液晶基元刚性棒状结构的基础上，进一步增加取代基上刚性环的个数，即进一步增加液晶基元之间的相互作用，体系是否还能存在新的相结构？据此，在同一时间内，周其凤教授研究组还设计合成了侧基刚性核中含 1，3，4- 噁二唑的系列 MJLCPs。图 3-5 是侧基为双噁二唑基结构 MJLCPs

的分子结构。

　　研究现状及问题的提出：
　　　　进一步增强液晶基元刚性强度可否使液晶基元采取有
　　　　序排列？
①结构：均聚物的液晶基元都是以近乎重心位置平衡对称地
　　　　连接到主链上；
　　　　在液晶基元两侧对称添加一个噁二唑结构单元来改
　　　　变侧基空间。
②相态：形成液晶相的都是柱状相及向列相；
　　　　结构的改变是否能带来相态的改变，得到有序度较高
　　　　的相态？
③可控：分子结构的微调是否能带来相态的变化及功能化？

图 3-4　MJLCPs 研究现状的第五次反思

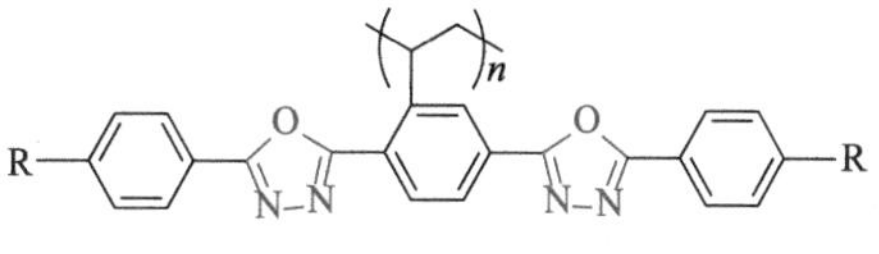

$R=OC_mH_{2m+1}, m=8,10,12,14$

图 3-5　侧基为双噁二唑基结构 MJLCPs 的分子结构

　　研究结果发现，所有聚合物在室温下都是非晶态的。液晶基元末端随烷基链的增长，玻璃化转变温度逐渐降低。在特定的温度下聚合物都会出现液晶相，都是热致性液晶高分子。随液晶基元末端的增长，聚合物进入液晶相的温度降低。升温时，末端为叔丁基的聚合物（PCt）没有看到液晶态到各向同性态的相转变。而末端为烷氧基的聚合物在升温过程中都会发生液晶态到各向同性态的转变。在降温过程中，液晶基元末端为烷氧基的聚合物会从各向同性态再转变到液晶态，且液晶有序结构能保持到室温。液晶基元末端为叔丁基的聚合物进入液晶相后，在降温过程中液晶有序结构也可以保持。液晶基元末端为叔丁基的聚合物（PCt）与典型的 MJLCPs 有相似的相结构，

为柱状相。末端为烷氧基的聚合物的液晶相结构是近晶 A 相。在末端为烷氧
基的聚合物的液晶有序结构中，聚合物的主链和液晶基元的侧链近似垂直悬
挂排列。图 3-6 是侧基为双噁二唑基结构的 MJLCPs 超分子组装结构。

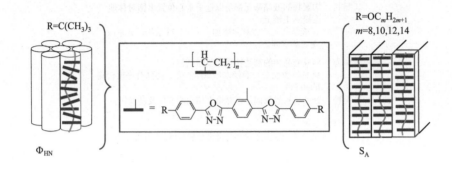

图 3-6　侧基为双噁二唑基结构的 MJLCPs 超分子组装结构

MJLCPs 在本体液晶态下具有规整的六方柱状相（Φ_H）或 Φ_N 结构。在
MJLCPs 结构与性能的研究中，保持液晶基元刚性棒状结构的基础上，增加
取代基与主链连接位置的不对称性或增加侧基刚性，即增加液晶基元之间的
相互作用，首次实现体系从原来的（Φ_H）或 Φ_N 转变成近晶（SmA、SmC）
相。研究结果表明，除了利用微相分离来诱导腰接型液晶高分子出现近晶相
结构外，增加侧基与主链连接位置的不对称性，即增加侧基刚性是另一种有
效的方法。近晶相液晶态在 MJLCPs 体系中被发现，也给人们提供了一种新
的思路，有助于人们更深入地理解在 MJLCPs 体系中侧基和主链间相互作用，
以及侧基之间相互作用与液晶相结构形成之间的内在联系。同时，为实现
MJLCPs 功能化分子设计奠定了理论基础。

以上工作发展了 MJLCPs 的分子设计理念，深化了对"甲壳效应"的认
识，阐明了 MJLCPs 的链构象与其相态之间的关系以及侧链间相互作用对液
晶相的影响规律，通过改变侧链的结构实现了对聚合物相结构的调控。这些
成果有助于深入理解刚性液晶高分子液晶相态形成的一般规律，对设计合成

具有特定相态的液晶高分子具有指导意义，并有益于筛选出合适的聚合物来
构建复杂高分子体系或者进行功能化探索，在实现软物质自组装体系的控制
方面具有重要意义。

3.2　侧基二联苯基 MJLCPs 单体前体合成

侧基二联苯基 MJLCPs 单体的前体合成包括：2- 乙烯基二联苯 -4，4′- 二
甲酸和 3- 乙烯基二联苯 -4，4′- 二甲酸。

① 对羧基苯硼酸：500 mL 三口瓶中放入 4.1 g（0.17 mol）剪成碎片的镁
条。抽真空，通氮气反复三个循环，用注射器加入 200 mL 用钠回流过的新
蒸四氢呋喃。然后滴加 28.1 g（0.14 mol）对溴苯甲酸，开始反应。搅拌 1 h 后，
混合体系降至室温，得到黑色溶液。

另一个 500 mL 三口瓶抽真空，通氮气循环三次之后，加入 90 mL 四氢
呋喃和 32.2 mL（0.28 mol）硼酸三甲酯。三口瓶放入液氮 - 丙酮浴中，保持
体系温度在 −78℃。然后将上述步骤得到的黑色溶液加入，有白色固体析出。
然后将 100 mL 1 mol/L 的盐酸加入混合体系中，溶解析出白色固体。混合体
系用乙醚萃取三次。收集有机相并用无水硫酸镁干燥。旋干溶液，得到黄色
固体，并用四氢呋喃 / 石油醚（1/2）混合溶剂重结晶，得到白色固体。产率
85 %。^{1}H NMR（δ，ppm，DMSO-d$_6$）：7.89 ～ 7.94（d，2H）；7.99 ～ 8.01（d，
2H）；8.28（s，2H）；12.95（s，1H）。

② 4- 溴 -2- 甲基苯甲酸甲酯：将 25 g（0.12 mol）4- 溴 -2- 甲基苯甲酸置
于装有 250 mL 甲醇和 2 mL 98% 硫酸的圆底烧瓶中，回流 24 h。反应完毕后，
旋干甲醇，粗产品溶于二氯甲烷，用碳酸氢钠饱和溶液萃取 3 ～ 4 次。收集
有机相，用无水硫酸镁干燥。旋干，得到白色固体。产率：92%。^{1}H NMR
（δ，ppm，DMSO-d$_6$）：2.37（s，3H）；2.57（s，3H）；7.29 ～ 7.40（m，2H）；
7.76 ～ 7.80（m，1H）。

③ 4- 溴 -2- 乙烯基苯甲酸：13.2 g（0.06 mol）4- 溴 -2- 甲基苯甲酸甲酯②，10.4 g（0.07 mol）N- 溴代琥珀酰亚胺（NBS）以及 0.3 g（0.01 mol）过氧化苯甲酰（BPO）溶于 130 mL 四氯化碳中回流 1 h，注意加热回流时加热温度不要过高，以体系中不出现红色的溴单质为准。反应结束后过滤除去漂浮在表面上的一层白色不溶固体，旋干溶液。将得到的固体溶于 200 mL 丙酮中，加入三苯基膦 26.2 g（0.10 mol），回流 3 h，冷却至室温。浓缩反应体系，用二氯甲烷作为展开剂进行柱分离。待杂质前点完全走出后，用甲醇淋洗出磷盐，旋干得白色固体。将 22.3 g（27.39 mol）磷盐溶于 190 mL 40% 甲醛溶液中，然后将 70.0 g 40% 氢氧化钠水溶液（0.70 mol）缓慢加入，边加边搅拌。混合物在室温下搅拌 48 h。然后过滤除去不溶物，用 40 % 氢氧化钠水溶液洗几次。在滤液中加入 12 mol/L 盐酸 100 mL，得到大量白色固体。过滤，干燥，称量。产率：56 %。^{1}H NMR（δ, ppm, DMSO-d_6）：5.51 ～ 5.54（d, 1H）；5.90 ～ 5.96（d, 1H）；6.95 ～ 7.04（m, 1H）；7.73 ～ 7.80（m, 2H）；8.15（s, 1H）；13.32（s, 1H）。

④ 4- 溴 -3- 乙烯基苯甲酸：13.2 g（0.06 mol）4- 溴 -3- 甲基苯甲酸甲酯，10.4 g（0.07 mol）N- 溴代琥珀酰亚胺（NBS）以及 0.3 g（0.01 mol）过氧化苯甲酰（BPO）溶于130 mL 四氯化碳中回流 1 h。接下来的步骤同合成③的步骤一致。产率：60 %。^{1}H NMR（δ, ppm, DMSO-d_6）：2.55（s, 1H）；5.07 ～ 5.12（d, 1H）；5.44 ～ 5.53（d, 1H）；6.64 ～ 6.78（d, 1H）；7.25 ～ 7.26（m, 2H）；7.70（s, 1H）。

四（三苯基膦）合钯：此为 Suzuki 偶联反应的催化剂。将氯化钯 1.0 g（5.65 mmol），三苯基膦 7.9 g（30.15 mmol）加入 100 mL 带回流管的三口瓶中。抽真空、通氩气循环三次，用注射器加入二甲基亚砜（DMSO）70 mL，小心加热至微沸（约 140 ℃），待固体完全溶解后，体系呈现半透明橙黄色，此时用注射器加入 3 mL 水合肼。加入后即停止加热，持续搅拌并保持氩气气氛，待完全冷却后，析出金黄色片状晶体，迅速过滤，用无水乙醚洗涤，真空烘箱室温干燥。产率：90%。干燥后的四（三苯基膦）合钯催化剂在氩气气氛中密封，置于冰箱中避光保存。

⑤ 2- 乙烯基二联苯 -4,4′- 二甲酸：⑤是通过①和③的 Suzuki 偶联反应得到的。将 0.9 g（4.00 mmol）①、1.0 g（6.00 mmol）③、0.2 g（0.80 mmol）四（三苯基膦）合钯、1.6 g（14.40 mmol）碳酸钾，以及 0.2 g（2.00 mmol）对苯二酚（阻聚剂）混合物加入 250 mL 带回流冷凝管的三口瓶中。抽真空，通氩气三个循环之后，用针管加入 80 mL 乙腈和水（3：1，体积比）的混合溶剂，80 ℃回流 40 h。反应完毕后冷却至室温，过滤除去不溶物。50 mL（12 mol/L）的盐酸缓慢加入滤液中，边加边搅拌，出现大量灰白色沉淀。过滤得到沉淀，用水和甲醇洗涤，干燥。产率：71%。^{1}H NMR（δ，ppm，DMSO-d_6）：5.50 ～ 5.54（d，1H）；5.90 ～ 5.95（d，1H）；6.94 ～ 7.00（m，1H）；7.61（d，1H）；7.70 ～ 7.74（m，3H）；8.23 ～ 8.27（m，3H）。

⑥ 3- 乙烯基二联苯 -4,4′- 二甲酸：⑥是通过①和④的 Suzuki 偶联反应得到的。其余步骤及反应物的摩尔比与合成⑤相同。产率：89%。^{1}H NMR（δ，ppm，DMSO-d_6）：5.34 ～ 5.38（d，1H）；5.84 ～ 5.90（d，1H）；6.58 ～ 6.67（m，1H）；7.46 ～ 7.51（m，3H）；7.89 ～ 7.97（m，1H）；8.04 ～ 8.24（m，3H）。

3.3　存在非共价相互作用的 MJLCPs

图 3-7 是对 MJLCPs 研究现状的第六次反思。以前的研究结果表明，MJLCPs 的侧基刚性核部分包含更多的芳香环时，聚合物更易于形成近晶相。一方面这可能是由于侧基刚性的增加，侧基更趋向于平行排列；另一方面，芳香环的增多导致侧基间 π-π 相互作用增强。这两方面的因素都将使高分子链呈现片状分子的构象。为了考察这两种因素中何种占主导作用，研究人员设计合成了体系中可能存在其他非共价作用的 MJLCPs，研究这些相互作用对体系液晶相结构的影响。首先，研究人员设计合成了一系列侧基两端连接不同长度烷基尾链的基于乙烯基对苯二甲酸二酰胺的聚合物。X 射线衍射和偏光显微镜（PLM）等实验结果表明，聚合物的液晶性同时受到烷基尾

链长度和氢键的影响。通过变温红外和二维红外分析发现，侧链间的氢键对液晶相的形成起到了重要的作用。对比结构相近、侧链中连接键为酯键的典型 MJLCPs 聚 [2,5-双（对甲氧苯甲酰氧）苯乙烯]（PMPCS），氢键的存在使聚合物趋向于形成近晶相。图 3-8 是侧基含酰胺键的 MJLCPs 液晶相示意图。

研究现状及问题的提出：

    主链热运动破坏侧基有序。利用侧基氢键可否使液晶基元采取有序排列？

①结构：均聚物的液晶基元都是以近乎重心位置平衡对称地连接到主链上；

    侧基的羧基离子键或与吡啶类化合物形成氢键组建侧基单元。

②相态：形成液晶相的都是柱状相及向列相；

    结构的改变是否能带来相态的改变，得到有序度较高的相态？

③可控：分子结构的微调是否能带来相态的变化？

图 3-7 MJLCPs 研究现状的第六次反思

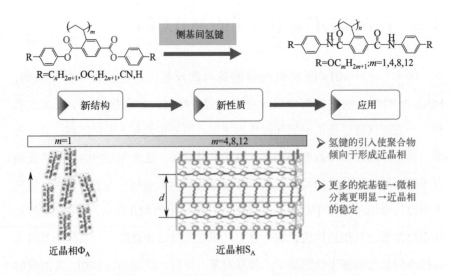

图 3-8 侧基含酰胺键的 MJLCPs 液晶相示意图

相对于氢键，离子（静电）相互作用拥有更强的结合强度。研究人员设计合成了侧基两端含磺酸基的 MJLCPs，得到了一类新型的聚电解质，其每个重复单元中含两个磺酸基团，这一体系也将 MJLCPs 和聚电解质结合起来。通过研究发现，甲壳型聚电解质的本体自组装结构为近晶相，它们与表面活性剂复合也能得到层状结构。图 3-9 是侧基两端含磺酸基的甲壳型聚电解质及其复合物层状结构示意图。

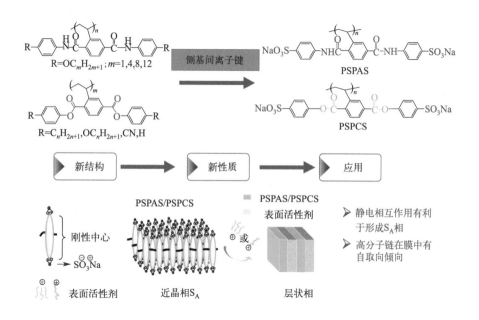

图 3-9　侧基两端含磺酸基的甲壳型聚电解质及其复合物层状结构示意图

这两个研究工作的科学意义是，在以上侧基含酰胺键和磺酸基的 MJLCPs 体系中，MJLCPs 中存在氢键和静电相互作用，这两种非共价相互作用的引入诱导聚合物趋向于形成 Sm 相。研究结果表明，侧链分子间相互作用的增强，侧链更易相互平行排列，导致 Sm 的形成。以上工作还阐明了非共价相互作用稳定 MJLCPs Sm 相的规律，发展了实现 MJLCPs 自组装的方法。更为重要的是，通过非共价相互作用将小分子与 MJLCPs 复合并调控复合比例，可方便地将不同拓扑结构、不同性质的侧基连接到主链上，构筑结构变化更加丰富的 MJLCPs，实现多种性质与功能的集成和优化。

3.4 PMVBP 本体自组装

以往的研究结果表明，部分 MJLCPs 的液晶性对分子量有依赖性，而玻璃化转变温度同样对分子量有依赖性。当分子量较低时，MJLCPs 不具有液晶性。当分子量增大时，液晶性产生。当继续增大 MJLCPs 的分子量时，有部分 MJLCPs 的相态会发生转变。而 MJLCPs 的玻璃化转变温度也会随着分子量的增加而升高，并最终达到一个稳定的数值。这个现象比较容易被解释：液晶理论表明了刚性棒状液晶高分子的液晶态热稳定性与分子量的关系，液晶高分子的分子量越高，越容易形成液晶相，同时液晶相的稳定性也越高。而液晶高分子的分子量越高，高分子主链的刚性越强，导致其玻璃化转变温度也越高。

MJLCPs 的液晶性与分子量有依赖性以及较高的玻璃化转变温度对于 MJLCPs 作为功能材料研究有十分重要的意义。如传统的热塑性弹性体 SBS（苯乙烯 - 丁二烯 - 苯乙烯嵌段共聚物）、SIS（苯乙烯 - 异戊二烯 - 苯乙烯）等，由于硬段聚苯乙烯较低的玻璃化转变温度（80 ～ 100 ℃），热塑性弹性体在高温领域，如泵油输送管道等领域受到很大的限制。

在现有的对 MJLCPs 的研究工作中，主要集中于对新型 MJLCPs 的相行为及功能的研究，而从分子设计的角度入手，对 MJLCPs 的临界液晶分子量以及玻璃化转变温度进行设计的工作还比较少。单体的分子结构对液晶高分子的性质有重要的影响。MJLCPs 的液晶性以及玻璃化转变温度与单体的化学组成、柔性烷基链长度和种类、单体的核心结构的刚性，以及聚合物的分子量等因素相关。所以，研究人员从单体分子设计的角度来制备聚合单体和液晶聚合物，使其满足临界液晶分子量较小以及玻璃化转变温度较高的要求。

　　MJLCPs 的临界液晶分子量与单体的化学结构以及单体分子量相关，而玻璃化转变温度与单体的化学结构以及聚合度相关。对于以一个苯基为核的 MJLCPs，如以乙烯基对苯二甲酸为核的体系，PMPCS 的单体分子量为404，聚合物的玻璃化转变温度在 120 ℃，聚合物的分子量在 10000 以上才有液晶性。对于 PBPCS 体系，单体 BPCS 的分子量是 488，由于尾链烷氧基较长，聚合物的玻璃化转变温度降为 108 ℃；当聚合物分子量大于 34000时，PBPCS 具有液晶性。对于以乙烯基三联苯为核的 MJLCPs 体系，如聚[2,5- 二（4′- 烷氧基苯基）苯乙烯]体系，当尾链烷氧基为最短的甲氧基时，单体分子量为 316，玻璃化转变温度达到 230 ℃；当聚合物分子量大于31000 时，具有液晶性。对于以周其凤教授研究组开发的乙烯基二联苯为核的 MJLCPs 体系，聚 [4,4′- 二（4- 丁氧基苯基酯基）-2- 乙烯基二联苯）]（PBP2VBP），单体分子量为 564，玻璃化转变温度为 104 ℃，临界液晶分子量为 24000。

　　总结以上的结果可以发现：要使 MJLCPs 的临界液晶分子量较小，可以减小单体的分子量，并使单体骨架的刚性尽可能大。由于棒状高分子只有当长径比大于 4 时才可能具有液晶性，所以要想在聚合度较低时就能产生液晶性，还需要尽可能减小单体分子的直径。对于以乙烯基对苯二甲酸为核的MJLCPs，由于刚性较小，所以在聚合物分子量较大时才能产生液晶性。而对于以乙烯基三联苯为核的 MJLCPs，由于单体本身的分子量较大，因此临界液晶分子量也较大。所以，基于乙烯基二联苯体系的 MJLCPs 是比较好的选择。它具有较大的刚性，同时单体分子量也比较小。需要得到更高的聚合物玻璃化转变温度时，选择相对于酯键有更高稳定性的醚键作为该乙烯基二联苯体系的烷基尾链。烷基尾链越短，聚合物的玻璃化转变温度越高。所以，确定甲氧基为聚合物的烷基尾链。研究人员设计合成了以乙烯基二联苯为核的 MJLCPs 聚 [4′- 甲氧基 -2- 乙烯基二联苯 -4- 甲醚]（PMVBP），研究聚合物液晶性与聚合物分子量依赖性，以及聚合物临界液晶分子量和玻璃化转变温度。PMVBP 的化学结构如图 3-10 所示。

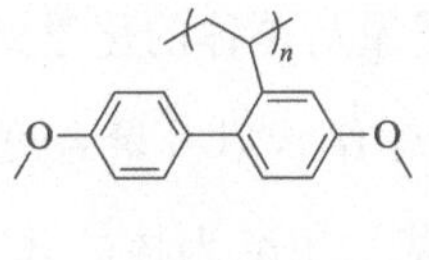

图 3-10 PMVBP 的化学结构

研究人员利用氮氧自由基聚合，通过改变单体与引发剂的投料比成功制备了一系列分子量不同 PMVBP，得到的聚合物分子量从 4100 到 16400，分子量分布较窄。研究结果表明，PMVBP 具有较高的玻璃化转变温度，且与分子量有依赖关系。随着分子量的增大，PMVBP 的玻璃化转变温度逐渐提高，最终稳定在 205 ℃以上，而 PMPCS 的玻璃化转变温度只有 120 ℃，新型的 PMVBP 在高玻璃化转变温度方面具有明显的优势。另外，研究结果表明，PMVBP 具有较小的临界液晶分子量，且聚合物的液晶性与分子量有依赖关系。当 PMVBP 分子量小于 4100 时，聚合物没有液晶性。当 PMVBP 分子量大于 5300 时，聚合物在 260 ℃以上具有液晶性，形成六方柱状结构，且六方柱状结构在降温时能够保持。图 3-11 是 PMVBP 的相图示意图。

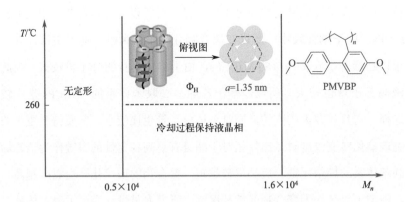

图 3-11 PMVBP 的相图示意图

第 4 章

聚降冰片烯型 MJLCPs

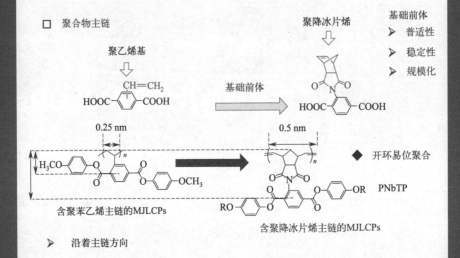

含聚苯乙烯主链的MJLCPs   含聚降冰片烯主链的MJLCPs

➤   沿着主链方向

创新性研究工作:

    创新性地提出了聚降冰片烯主链 MJLCPs 体系,拓展了 MJLCPs 的分子设计理念,解决了聚苯乙烯主链 MJLCPs 研究瓶颈,为聚合物凝聚态结构与演化机制及开展功能化应用提供了研究平台。

4.1　主链为聚降冰片烯的 MJLCPs

利用聚合物的自组装来构筑特定形状和尺寸的超分子结构是目前高分子领域最重要的研究内容之一，所得超分子结构在高分子化学与材料方面具有广阔的应用潜力。从分子组装的角度来看，MJLCPs 液晶的形成是超分子自组装研究内容之一，其中高分子链整体作为一个超分子液晶基元进行组装。MJLCPs 侧基的"甲壳"效应迫使主链伸展，使其成为刚性棒状分子，进而自组装成柱状（Col）相，当侧基之间存在较强的相互作用（如 π-π 堆积）时，MJLCPs 链呈片状构象，并进一步形成近晶相（Sm），与传统的主链或侧链型液晶聚合物不同，MJLCPs 可以形成多种有序的相态，如 Φ_N、六方柱状向列相（Φ_{HN}）、Φ_H、Φ_R、近晶 A（SmA）和近晶 C（SmC）等，其中 MJLCPs 的分子链作为超分子柱或片层形成液晶相。

第一种类型的 MJLCPs 是以聚苯乙烯为主链的 MJLCPs，研究得最为广泛。研究表明，一系列侧基中含有对苯二酚、对苯二胺、对苯二甲酸、三联苯、二联苯和噁二唑衍生物的苯乙烯类单体，通过可控自由基聚合反应可得到高分子量、窄分布的 MJLCPs。

第二种类型的 MJLCPs 是以聚硅氧烷为主链的 MJLCPs。这种甲壳型聚硅氧烷是通过聚甲基氢硅氧烷和苯乙烯类单体的硅氢化反应合成的。研究结果表明，这种以非常柔性的聚硅氧烷为主链的 MJLCPs 同样可以形成有序的超分子 Φ_{HN} 或近晶相，它们的液晶相行为与相对应单体结构的聚苯乙烯主链 MJLCPs 的液晶相行为基本类似，只是液晶相温度范围明显变窄。聚硅氧烷是一种低表面能、非常疏水的材料，而接触角实验证明这一类甲壳型聚硅氧烷没有很明显地增大该类聚合物的接触角，这一结果进一步证明了 MJLCPs 的结构模型：聚合物主链包裹在侧基内部，聚合物的表面性质体现的是侧基的性质，而非主链聚硅氧烷的性质。图 4-1 为甲壳型聚硅氧烷的合成和部分单体化学结构。

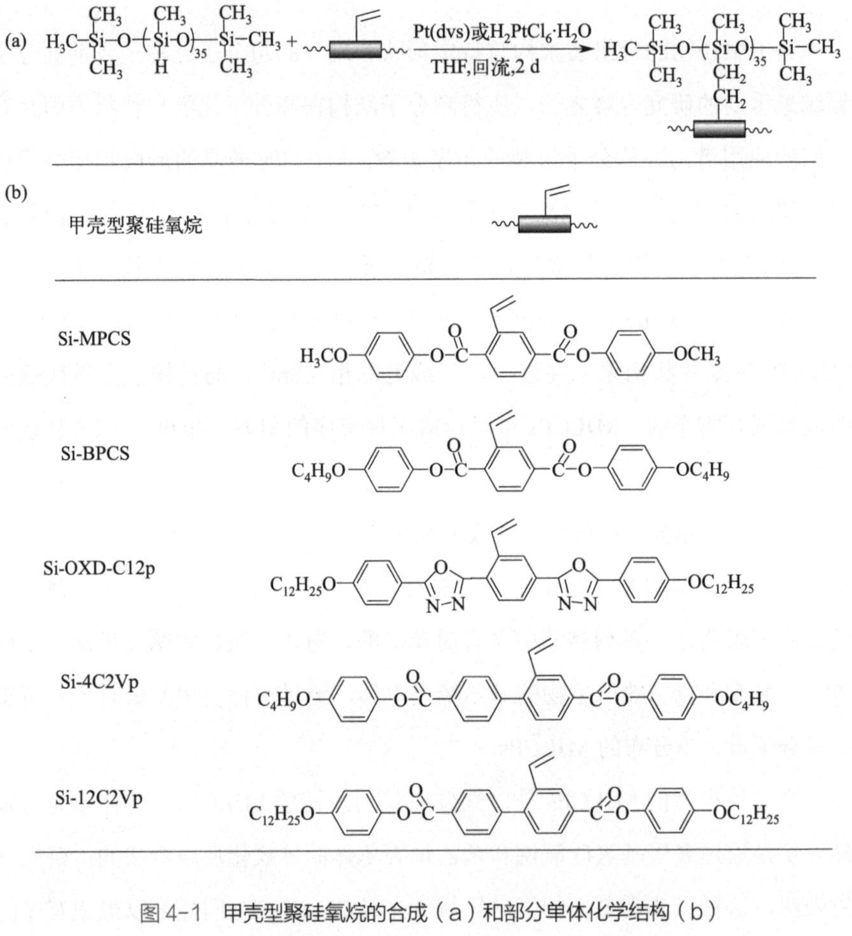

图 4-1 甲壳型聚硅氧烷的合成（a）和部分单体化学结构（b）

经过近四十年的研究，人们已经能够通过分子设计很方便地对 MJLCPs 的柱子或片层结构和性质进行调控。以柱状结构为例，通过控制聚合度可以改变柱子的长度；通过改变侧基的长度可以调节柱子的直径；通过改变侧基尾链的亲疏水性可以调节柱子的表面性质和聚合物形成的核壳结构等。在研究 MJLCPs 超分子组装结构的同时，人们也发现 MJLCPs 在嵌段共聚物组装、表面改性、电致发光、有机光伏、液晶弹性体、成核剂和光学补偿膜等领域均有应用。MJLCPs 是其中一类很特别的聚合物，它们相对复杂的化学结构背后隐藏着非常奇妙的超分子组装行为。可以预见，随着更多不同结构的 MJLCPs 的合成和研究，人们将对其化学结构、超分子组装结构和材料性质之间的关系理解得更为深刻，有望根据所需的超分子结构甚至材料性质，从分子水平来设计聚合物的化学组成。同时，MJLCPs 与其他类型材料在不同尺度下的复合也为材料的化学与物理研究领域带来新的机遇和挑战。

　　研究人员在研究 MJLCPs 结构与性能关系时存在的主要问题是，MJLCPs 单体是苯乙烯类化合物，采用自由基聚合，当单体分子量比较大时，乙烯基含量相对较少，聚合困难，聚合度比较小。另外，传统的聚苯乙烯主链的 MJLCPs 在合成方面存在越来越多的困难，如侧基较大时很难得到高分子量的聚合物，部分乙烯基单体对自由基敏感，不能通过自由基聚合进行合成。反思 1，是否有其他方式制备 MJLCPs？ MJLCPs 是柱状相，作为结构材料时要求聚合物的分子量大于 20 万～ 30 万，苯乙烯类主链 MJLCPs 采用自由基聚合很难满足要求。反思 2，MJLCPs 是否有其他聚合方式？ MJLCPs 作为功能材料时，侧基尾链末端含功能构筑单元，苯乙烯类主链 MJLCPs，采用自由基聚合时有时聚合难以进行。回答是肯定的。金属有机化学新的合成方法对高分子化学新聚合方法的发展起到了很大的推动作用，烯烃复分解反应成功应用于高分子科学领域，发展出了一种新型的活性聚合方法——开环易位聚合（ROMP），可以很好地解决 MJLCPs 结构与性能研究的瓶颈问题。研究者将 ROMP 方法引入 MJLCPs 的合成中，到了一类新的主链为聚降冰片烯的 MJLCPs，开展了分子结构设计与合成以及自组装有序结构等方面的研究，发展了 MJLCPs 的分子设计理念，进一步完善了 MJLCPs 理论。

聚降冰片烯 MJLCPs 可以得到高分子量和窄分子量分布的聚合物，对单体中功能基团的耐受能力高，如含羧基、羟基、酯基、酰胺基和 C_{60} 基元的单体，可以通过 ROMP 很好地聚合。发展聚合方式为 ROMP、以聚降冰片烯为主链的 MJLCPs 显得尤为重要。研究人员可利用主链为聚降冰片烯的 MJLCPs，开展分子结构设计与合成以及自组装有序结构等方面的研究，发展 MJLCPs 的分子设计理念，进一步完善 MJLCPs 理论。图 4-2 是聚降冰片烯 MJLCPs 特性。

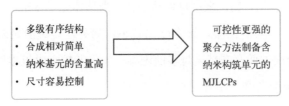

图 4-2　聚降冰片烯 MJLCPs 特性

通过与聚苯乙烯类 MJLCPs 进行结构比较，研究人员设计合成了主链为聚降冰片烯、侧基含苯酯苯结构的 MJLCPs，突破了聚苯乙烯类 MJLCPs 所面临的合成上的困境，构筑了通过酰亚胺键将侧基和主链相连的聚降冰片烯类 MJLCPs 体系。研究人员通过研究这类 MJLCPs 液晶相与化学结构之间的关系发现，与聚苯乙烯类 MJLCPs 相比较，侧基上刚性核较大的聚降冰片烯类 MJLCP 具有较大的刚性，需要引入较长的柔性基团才能达到刚柔之间的平衡，从而发育出液晶相。图 4-3 是主链为聚降冰片烯的 MJLCPs 结构设计示意图。

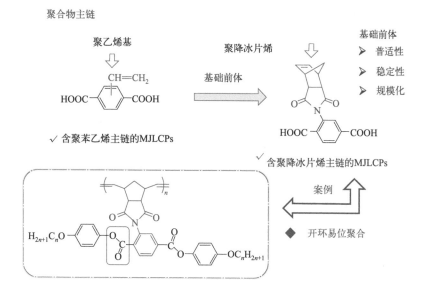

图 4-3　主链为聚降冰片烯的 MJLCPs 结构设计示意图

　　将主链为聚苯乙烯的 MJLCPs 和主链为聚降冰片烯的 MJLCPs 进行比较，后者的主链含有较多的双键和五元环，所以聚合物主链具有更大的刚性，为了形成有序排列，需要更多的柔性基团才能平衡主链的刚性，从而发育出液晶性。与此同时，如图 4-4 所示，沿着主链方向观察，聚降冰片烯主链的 MJLCPs 的重复单元间距约为 0.5 nm，而聚苯乙烯主链的 MJLCPs 的重复单元间距约为 0.25 nm；垂直主链方向观察，聚降冰片烯主链的 MJLCPs 的侧基基元和主链之间距离较远，有两个五元环和一个碳氮单键，而聚苯乙烯主链的 MJLCPs 的侧基基元与主链之间只有一个碳碳单键。而 MJLCPs 的"甲壳效应"来源于大体积侧基在空间上的排斥作用，从这个角度看，聚降冰片烯 MJLCPs 的"甲壳效应"比聚苯乙烯 MJLCPs 弱，所以在聚降冰片烯 MJLCPs 体系中，为了能真正地利用"甲壳效应"设计新型的 MJLCPs，将体积更大的基团作为侧基引入就显得非常重要。

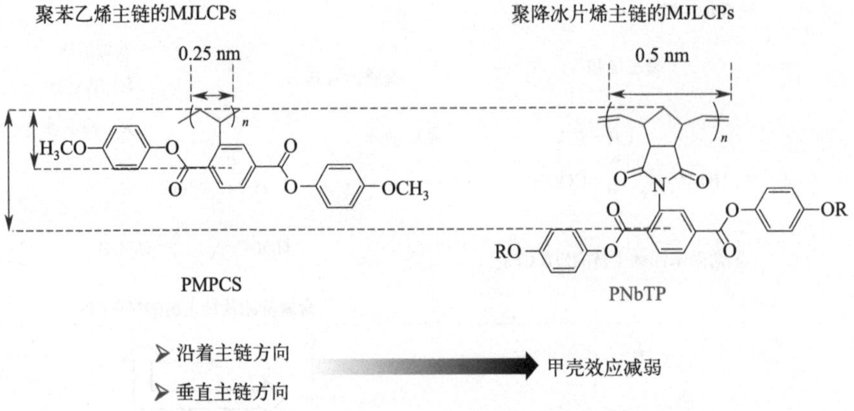

图 4-4　聚苯乙烯类 MJLCPs 与聚降冰片烯类 MJLCPs 结构特点比较

4.2　聚降冰片烯 MJLCPs 单体前体合成

N-（2,5-二羧基苯基）-顺-5-降冰片烯基-外型-2,3-二酸酰亚胺（NbTA）合成方法：在 100 mL 圆底烧瓶内加入顺-5-降冰片烯-外型-2,3-二甲酸酐（2.00 g，12.2 mmol）和 30.0 mL 冰醋酸，120 ℃回流状态下将二氨基对苯二甲酸（2.21 g，12.2 mmol）分批在 30 min 内加入反应瓶内，加毕继续反应 12 h。冷却至室温后，将混合物倒入约 150 mL 冷水内，并剧烈搅拌 2 h，过滤并用红外灯干燥，得白色固体。产率 80%。^{1}H NMR（400 MHz，DMSO-d$_6$，δ，ppm）：13.53（s，2H），7.77-8.11（m，3H），6.37（s，2H），3.19-3.26（d，2H），2.85-2.89（d，2H），1.36-2.02（m，2H）。MS（HR-ESI）：[M−H]$^-$/z，计算值 326.0670，实验值 326.0662。C$_{17}$H$_{13}$O$_6$N 理论计算值：C，62.39；H，4.00；N，4.28。实验值：C，62.40；H，4.22；N，4.28。该合成方法具有简单高效、绿色环保等优点。

4.3　末端含烷基链聚降冰片烯 MJLCPs

　　早在 20 世纪 90 年代，当 MJLCPs 的概念刚被提出不久，研究人员已利用 ROMP 得到了基于聚降冰片烯主链的液晶高分子，其中连接侧基和主链的间隔基较短的聚合物可以看作 MJLCPs。研究表明，一些聚合物可以形成双轴向列相液晶态，而侧基中含短链硅氧烷或含氟链段的聚合物则由于微相分离的作用可以形成近晶相。但是，由于聚合物单体的合成难度较大，后续没有进一步研究。近年来，杨洪等设计合成了主链为聚降冰片烯、侧基中含苯酚酯苯结构的 MJLCPs，研究了侧链烷基尾链变化与聚合物液晶性的关系，并通过柔性间隔基对聚合物进行化学交联，得到了液晶弹性体。在该工作中，中间体为对苯二酚类结构，且需要钯催化反应后才能获得单体，合成路线较为复杂。同一时期，周其凤教授研究组通过与聚苯乙烯类 MJLCPs 进行结构比较，设计合成了主链为聚降冰片烯、侧基含苯酯苯结构的 MJLCPs [PNbnPT（n=12，14，16，18）]。这种聚合物的刚性核为苯酯苯结构，而主链为聚降冰片烯结构。从合成角度看，这种 MJLCPs 的合成过程更加简便高效，突破了传统的 MJLCPs 所面临的单体种类受限、聚合条件较苛刻以及难以提高聚合度等困境，构筑了通过酰亚胺键将侧基和主链相连的聚降冰片烯类 MJLCPs 体系，如图 4-5 所示。研究发现，这类聚合物可以通过超分子组装形成周期尺寸约为 5 nm 的近晶 A 相。研究结果表明，PNbnPT 的相行为和侧基中烷基尾链长度有关。当 $n > 10$ 时，聚合物具有 SmA 相，当 $n \leqslant 10$ 时，聚合物为无定形态。这些研究工作极大地拓展了 MJLCPs 的研究和应用范围。进一步研究该类 MJLCPs 液晶相与化学结构之间的关系发现，侧基上刚性核较大的聚降冰片烯类 MJLCPs 需要引入较长的柔性基团才能达到刚柔之间的平衡，从而发育出液晶相。以上工作为聚降冰片烯类 MJLCPs 体系的分子设计、合成和性能研究提供了理论与实验指导，同时为 MJLCPs 走向实用化提供了新的途径。图 4-6 是聚降冰片烯型 MJLCPs 体系分子结构和超分子组装。图 4-7 是聚降冰片烯型 MJLCPs 体系侧基和三联苯发展结构及超分子组装。

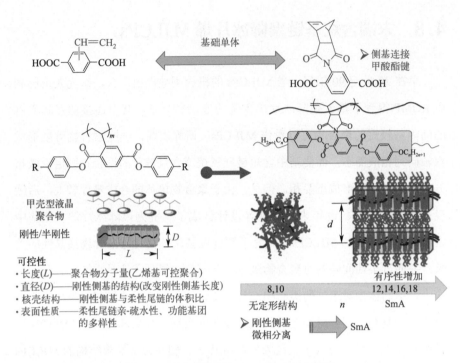

图 4-5　聚降冰片烯类 MJLCPs 超分子组装

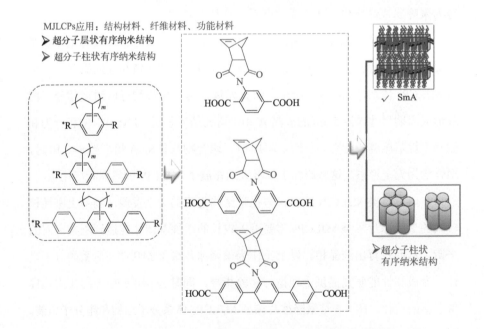

图 4-6　聚降冰片烯型 MJLCPs 体系分子结构和超分子组装

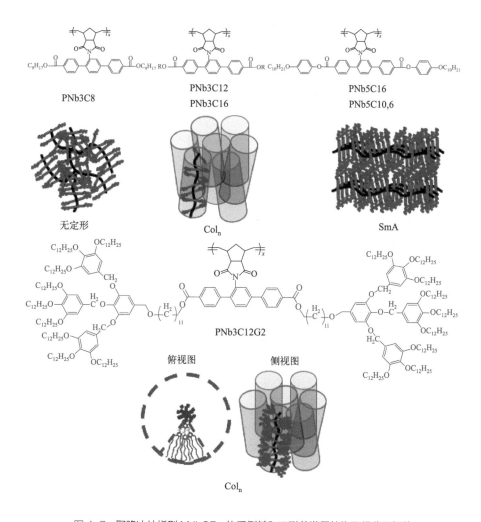

图 4-7　聚降冰片烯型 MJLCPs 体系侧基和三联苯发展结构及超分子组装

4.4　末端含 1D/3D 聚降冰片烯 MJLCPs

自组装技术已成功地应用于纳米尺度物质的维数、形貌和功能等的调控。作为构筑聚合物有序聚集态结构的关键技术，纳米尺度有序结构自组装技术有力地推动了光电、磁性能分子材料和纳米功能聚合物更深层次的研究。纳米尺度有序结构自组装技术主要有："自上而下"的高分辨技术，当尺寸在 30 nm 以下时，将面临许多障碍和挑战；"自下而上"的直接组装工艺，利用分子尺度结构基元来构建纳米功能有序结。对于 ≥ 100 nm 的接枝聚合物（聚合物刷）自组装和 20 ～ 80 nm 嵌段共聚物自组装已有比较多的文献报道。含多维度纳米结构基元的近 10 nm 聚合物自组装体鲜见报道。含多维度纳米结构基元的液晶聚合物的聚集态和多维度自组装性能研究正是针对这一科学前沿中热点问题进行的基础研究，体现了学科交叉和综合性，且在功能材料、生物传感、光致电子转移和光子器件等诸多领域具有非常好的潜在应用前景。将功能纳米结构基元（1D、3D）作为聚合物侧基末端基，纳米结构基元与被链接的聚合物相互作用，聚合物分子链超分子自组装成有序结构，即侧基功能纳米结构基元在聚合物分子链超分子自组装的影响下有序排列或聚集，形成近 10 nm 超分子自组装有序结构体。

构筑近 10 nm 超分子自组装有序结构体，主要是借助聚合物分子链超分子自组装特性。因此，准确地设计和选择用来调控纳米基元结构组装成有序结构的聚合物就显得尤为重要。具有聚合物分子链超分子自组装能力的聚合物有许多类型，其中 MJLCPs 是一类有聚合物分子链超分子自组装特性的特殊的液晶聚合物。MJLCPs 的液晶性是由于多个聚合物分子链超分子自组装成柱状或层状等有序聚合物分子链，即多个聚合物分子链形成一维或二维的超分子自组装有序结构体，而聚合物分子链超分子组装有序结构的构型与聚合物分子量和温度有一定依赖关系。目前具有超分子自组装特性的 MJLCPs 体系已有主链是聚苯乙烯的 MJLCPs 和主链是聚降冰片烯的 MJLCPs。

多级有序组装体对于开发性能优异的材料至关重要。虽然目前将无机纳米粒子引入均聚物或者嵌段共聚物中，可以得到多级有序结构，但是这些结构的规整度也会受到聚合物的分散性和端基的不确定性的影响。另外，这种聚合物中纳米粒子的含量有限，不利于其性质的体现、传递甚至放大。而将纳米构筑单元引入主链为聚苯乙烯的 MJLCPs 中，虽然可以制备单分散的多级有序结构，但是受到单体合成和聚合方法的限制，纳米基元和单体的种类受限，不利于聚合物的实用化。反思提出以下问题：①如何通过一种普适性和可控性更强的聚合方法制备单分散的多级有序结构？②如何选择合适的纳米构筑单元制备多级有序结构，同时也方便调节聚合物的相结构？③如何在制备含亚十纳米尺度有序结构的基础上制备更多级的有序组装体？

与主链为聚苯乙烯的 MJLCPs 类似，主链为聚降冰片烯的 MJLCPs 可以通过超分子组装形成液晶结构。因此，侧基含纳米构筑单元、主链为聚降冰片烯的 MJLCPs 也同样可以形成多级有序结构。在这种结构中，每个单体都含有一个或者多个纳米构筑单元，因此纳米构筑单元的含量很高，有利于其性质的体现。与主链为聚苯乙烯的 MJLCPs 不同，主链为聚降冰片烯的 MJLCPs 极大地拓展了 MJLCPs 的研究范围，解决了传统的 MJLCPs 在设计和合成中的问题。在聚合含纳米构筑单元的单体，甚至是大分子单体时，开环易位聚合的方法依然表现出很好的可控性。

聚合物可在多种尺度上进行组装，组装的结构取决于主链和侧基（链）的结构。与聚苯乙烯主链型 MJLCP 体系相比，聚降冰片烯型 MJLCP 体系 Col_h 尺寸更大；聚降冰片烯主链的聚合物中刚性核甲壳效应较弱，T_{O-D} 较低，侧基的有序排列对主链的影响更大（如热稳定性、有序度等）。ROMP 可聚合含活性基团的单体，相态调控更加方便。研究人员通过主链为聚降冰片烯、侧基含纳米构筑单元的 MJLCPs 制备多级组装结构，研究主链类型和不同形状的纳米构筑单元对聚合物组装结构的影响，同时制备周期尺寸在亚十纳米（sub-10 nm）尺度、单分散的多级组装结构。

分子的有序排列对聚合物性能有巨大的提升作用，而基于聚合物分子链超分子自组装是构筑有序排列分子聚集体的有效方法。MJLCPs 利用聚合物分子链间弱相互作用及侧基多维度纳米结构基元之间相互影响，聚合物分子链可超分子自组装构筑有序排列分子链聚集体。研究人员在深入认识侧基含多维度纳米结构基元的聚降冰片烯 MJLCPs 的本质及其功能化后，可以从不同角度开展研究工作，从而对侧基含多维度纳米结构基元的聚降冰片烯类

MJLCPs 有一个完整和全面的认识，开发原创性、基础性技术，以推动相关高新技术产业的发展。

4.5　侧链含 1D 基元 MJLCPs

一维液晶基元，如二联苯等，由于分子间范德华力和 π 共轭作用，可以形成分子间有序结构。通过这些液晶基元设计，可以合成主链型液晶高分子、侧链型液晶高分子以及主侧链结合型液晶高分子。而将一维液晶基元连接到 MJLCPs 上，则可以通过主链与侧基之间的竞争与协同作用，得到多级有序的组装结构。

将具有更大共轭结构的棒状纳米构筑单元，即棒状分子，通过不同长度的柔性链与降冰片烯衍生物共价连接得到单体，研究人员设计合成了侧基含有一维棒状分子、主链为聚降冰片烯的 MJLCPs PNbnPP（n=2，6，10，其中 n 代表柔性连接基中的亚甲基数目）。使用可控性更强的聚合方法（ROMP），制备了侧基含有更大共轭结构的棒状分子、主链为聚降冰片烯的 MJLCPs，为制备周期尺寸在亚十纳米尺度和近埃级尺度的多级有序组装结构以及尺寸的精确调控提供了新的方法。通过改变柔性连接基团的长度，研究人员可以研究侧链与主链之间的耦合 / 去耦合作用对聚合物相结构和相行为的影响，研究主链结构的改变对聚合物多级组装结构的影响，得到周期尺寸在亚十纳米尺度的单分散的多级有序结构。

这类结构体系的优势是：通过开环易位聚合的方法得到聚合物，聚合过程可控，可以得到分子量更大的聚合物，以尽量减少分子量和分子量分布对聚合物结构的影响；由于聚合物主链可以形成近晶 A 相的结构，因此可以在层状结构的框架上研究主链与侧基之间的竞争与协同作用；侧链中的多苯棒状液晶基元尺寸较大（＞ 1 nm），因此有助于聚合物形成 5 ～ 10 nm 的有序结构。

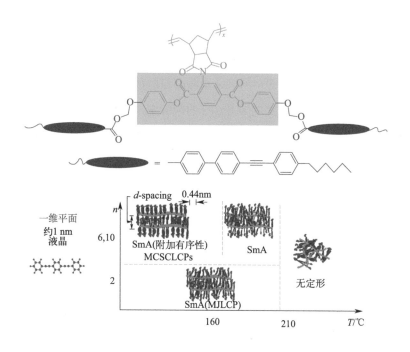

图 4-8　PNb*n*PP（*n*=2，6，10）结构与超分子组装

　　聚合物 PNb*n*PP（*n*=2，6，10）的多级组装结构如图 4-8 所示。柔性连接基团的长度对聚合物的相结构和相行为有很大的影响。研究结果表明，柔性连接基团较短时，棒状分子与主链的耦合作用很强。聚合物 PNb2PP 由于主链与棒状分子之间的耦合作用太强，无法形成多级有序结构，聚合物形成近晶 A 相，而棒状分子则一直处于无序状态，这更像传统的 MJLCPs。随着柔性连接基团的增长，聚合物由传统的 MJLCPs 转变为典型的主侧链液晶高分子。在低温下，聚合物 PNb6PP 和 PNb10PP 形成周期尺寸约 5 nm 的近晶 A 相与棒状分子在埃级尺度上的有序排列共存的多级有序结构。随着温度的升高，侧基变得无序，聚合物的近晶 A 相保持，但是有序度降低。进一步升高温度至转变温度以上时，聚合物从近晶 A 相进入各向同性态。

　　在此基础上，研究人员设想将胆甾醇液晶基元连接在 MJLCPs 的烷基链末端，利用胆甾醇液晶基元的相互作用力以及易形成近晶相结构的特点，使得胆甾醇液晶基元、烷基链间隔基和刚性核形成一个整体，迫使烷基链采取全反式构象，组装形成新的结构，得到有序尺寸较大并且能精确调控的液晶高分子。为了实现这一设想，研究人员将胆甾醇液晶基元通过共价连接的方式连接到主链为聚降冰片烯的 MJLCPs 的侧链中，设计合成了侧基含有一维棒状分子胆甾醇液晶基元、主链为聚降冰片烯的 PNb*l*C*m*Chol*n*（*l*=1，3，5，*l* 代表刚性核的苯环数目；*m*=6，8，10，12，*m* 代表侧基中烷基尾链的碳数；*n*=10，100，*n* 代表单体和催化剂投料比），重点研究其自组装行为和有序结构尺寸以及主链刚性对于聚合物相行为的影响。

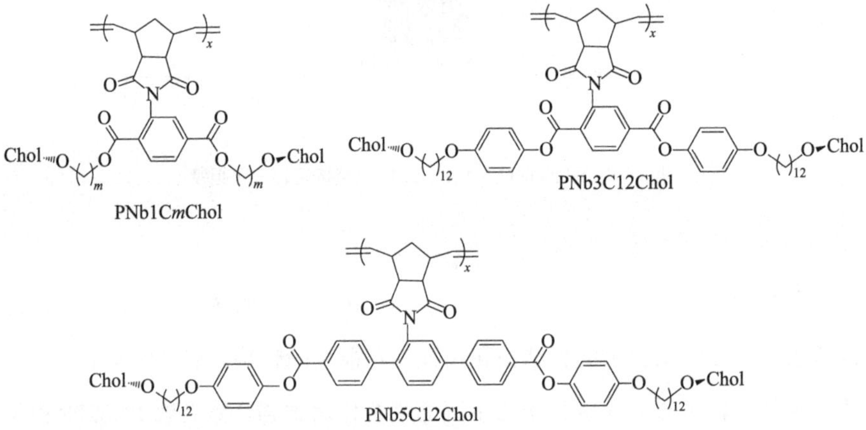

图 4-9　聚合物 PNb*l*C*m*Chol*n* 的结构示意图

　　聚合物 PNb*l*C*m*Chol*n* 的结构如图 4-9 所示。首先对刚性核均为单苯结构的聚合物进行分析。研究结果表明，聚合物 PNb1C*m*Chol10 系列中，大部分聚合物的各向异性到各向同性转变温度随着间隔基长度的增加而降低，这与聚合物的刚性随着间隔基长度的增加而减小是一致的，但是聚合物 PNb1C12Chol10 比较特殊，其刚性最弱，而各向异性到各向同性的转变温度却最高，说明当间隔基亚甲基数增加至 12 时，聚合物中的胆甾醇液晶基元的排列受到主链的影响较小，而当间隔基长度较短时，胆甾醇的排列受到主链的影响较大，所以主链的刚性直接反映到聚合物的转变温度上。另外，聚合物 PNb1C*m*Chol10 系列中，大部分聚合物在低温下为 SmA（2）相，其有序结构尺寸随着间隔基长度的增加而增加，这与聚合物侧基尺寸随着间隔基长度的增加而增加是一致的，但是聚合物 PNb1C12Chol10 同样很特殊，其在低温下处于无序状态，而随着温度的逐渐升高，逐渐发育出有序结构，并且其尺寸也相对较小，排列为 SmA（1）相。而聚合物 PNb1C10Chol10 在升温的过程中逐渐从 SmA（2）相变成 SmA（1）相，说明在该间隔基长度下，聚合物的胆甾醇液晶基元排列处在临界状态下。聚合物 PNb1C*m*Chol10 的有序结构尺寸和聚合物采取全反式构象时的理论有序结构尺寸存在较大差距，说明该系列聚合物中的烷基链是处于无规状态的。

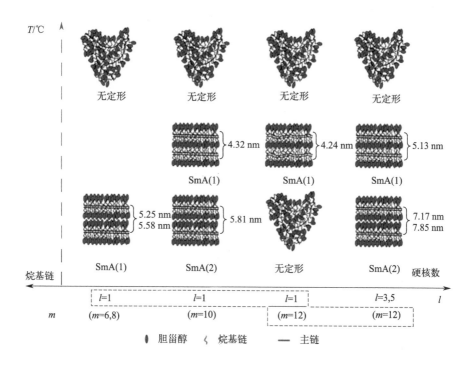

图 4-10　PNb/C*m*Chol*n* 组成与超分子组装体系

随着聚合物中侧基刚性基元尺寸增加，其主链具有液晶性后，聚合物的相行为和主链为柔性结构的聚合物完全不同。对聚合物 PNb*l*C12Chol10 进行分析，可以看到随着聚合物侧基刚性的逐渐增强，其各向异性到各向同性的转变温度逐渐增加，最高可达 240 ℃，并且聚合物在低温下都具有很好的有序结构，低温下为 SmA（2）相，随着温度的升高逐渐变为 SmA（1）相。特别的是，对刚性最强的聚合物 PNb3C12Chol10 和 PNb5C12Chol10，其实际测得的有序结构尺寸最高达到了 7.85 nm，是目前 MJLCPs 中有序结构尺寸最大的，并且和聚合物采取全反式构象时的理论有序尺寸几乎一致，达到了精确调控的目的。图 4-10 是 PNb*l*C*m*Chol*n* 组成与超分子组装关系。

基于以上的研究结果和分析可知，将胆甾醇液晶基元通过共价连接的方式引入主链为聚降冰片烯的高分子侧基中，得到六种结构不同的聚合物。其中，刚性最小的聚合物 PNb1C12Chol10 是一种非寻常液晶分子，其在室温和高温状态下均为无定形态，中间温度下则为近晶相结构。增加侧基刚性基元尺寸和减小间隔基长度都可以使聚合物的刚性增加，但是缩短间隔基长度时，聚合物中的间隔基并没有采取全反式构象，其实测有序长度和理论长度存在较大的差别，而增加侧基刚性基元的尺寸，将 MJLCPs 型主链引入，可以得到尺寸精确调控的近十纳米有序结构。

4.6 侧基含 3D MJLCPs 杂化复合物

POSS 是一系列笼形硅氧烷分子的统称，其笼内径约 0.45 nm，外径约 1 nm。由于 POSS 具有非常强的结晶性，一些含 POSS 的嵌段共聚物可以形成结晶和微相分离结构共存的多级有序纳米结构。同时，POSS 的引入也为聚合物提供了刻蚀选择性。这种聚合物可以制备纳米图案和多孔膜等。此外，POSS 的引入还能够增强聚合物微相分离的能力，降低聚合物微相分离的临界分子量，进而降低所形成有序结构的周期尺寸。但是，这些微相分离结构的周期尺寸往往在 10 nm 以上。而周期尺寸在亚十纳米尺度的有序结构对于分子信息的传递和功能放大有非常重要的作用，是非常好的有机光电、纳米多孔膜和新一代刻蚀材料，无疑将推动电子器件微型化和纳米科技的发展。

因此，将 POSS 引入 MJLCPs 中，制备 POSS 结晶与周期尺寸在亚十纳米尺度的液晶结构共存的单分散的多级有序组装体。设计并通过开环易位聚合的方法合成侧链中含三维结晶性 POSS 基元、主链为聚降冰片烯的 MJLCPs。研究人员通过改变柔性连接基团的长度和 POSS 含量，可以研究侧链与主链之间的耦合 / 去耦合作用以及 POSS 含量对聚合物相结构和相行为的影响，得到周期尺寸在亚十纳米尺度的单分散的多级有序结构，而改变聚合物中 POSS 基元的含量既可以方便地调节聚合物的相结构，又可以为聚合物提供后修饰的可能性。

研究人员设计合成了侧基含有三维基元 POSS、主链为聚降冰片烯的 MJLCPs PbNnPOSS（n=2、6、10，其中 n 代表柔性连接基中的亚甲基数目）。八异丁基 -POSS 的结晶熔融温度为 261 ℃，侧基含 POSS 的聚甲基丙烯酸酯中的 POSS 结晶熔融温度为 112 ℃。在聚合物 PNb10POSS、PNb12POSS 和 PNb12POSS-1 中，POSS 结晶的熔融温度都低于 90 ℃，比文献报道值低很多。这可能是因为 POSS 与主链的刚性核通过共价键的方式连接，破坏了 POSS 结晶的有序度，进而降低了 POSS 结晶的熔融温度。值得一提的是，在 POSS 引入之前，烷基尾链较短的聚合物 PNb10PT 和 PNb12PT 都是无定形态，而引入 POSS 之后，聚合物可以形成近晶相或者六方柱状相。这是因为三维 POSS 引入后，位阻效应大大增加，主链被迫采取更加伸展的构象，聚合物更容易形成有序结构。POSS 基元的尺寸约为 1.0 nm，而主链为聚降冰片烯的 MJLCPs 重复单元的尺寸约为 0.5 nm。因此，每四个 POSS 基元围绕主链一周，使得每一条聚合物链呈柱状，再组装成周期尺寸在亚十纳米尺度的六方柱状相。在聚合物 PNb12POSS-1 中，每个重复单元中含有一个 POSS 基元，聚合物链更像片层状，通过超分子自组装形成近晶相。POSS

晶体的密度是 1.15 g/cm³，实验测定 PNbnPT 的密度约 1.05 g/cm³。据此计算聚合物 PNb12POSS-1、PNb12POSS 和 PNb10POSS 中 POSS 的体积分数分别是 48%、64% 和 65%。因此，从微相分离的角度来看，聚合物 PNb12POSS-1 也更倾向于形成近晶相，而聚合物 PNb10POSS 和 PNb12POSS 也更容易形成柱状相。 图 4-11 是聚降冰片烯主链 MJLCPs 结构与超分子组装（左）和 PNb10POSS 结构与超分子组装（右）。

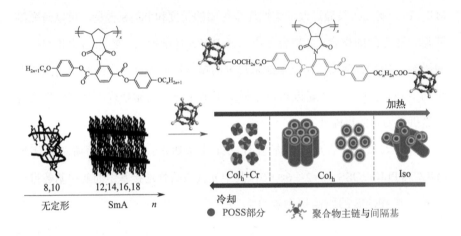

图 4-11 聚降冰片烯主链 MJLCPs 结构与超分子组装（左）

和 PNb10POSS 结构与超分子组装（右）

以上分析表明，在室温下，主链为聚降冰片烯、侧链含有 POSS 基元的 MJLCPs PNb10POSS 和 PNb12POSS，可以形成周期尺寸在亚十纳米尺度的六方柱状相和 POSS 结晶共存的多级有序结构。相比于主链为聚苯乙烯、侧链含有 POSS 的 MJLCPs：①聚合物 PbN10POSS 和 PNb12POSS 中，POSS 结晶熔融峰的焓值分别为 4.93 kJ/mol 和 3.12 kJ/mol POSS，熔融温度分别为 79 ℃ 和 83 ℃，远远低于主链为聚苯乙烯的 PnPOSS 的相应数值（17.7 kJ/mol，156 ℃）。这是因为聚降冰片烯主链上双键和五元环的存在一定程度上增强了聚合物链的刚性，主链与 POSS 之间的耦合作用较强，导致 POSS 结晶的有序度和热稳定性下降。②主链为聚降冰片烯的 MJLCPs 每个重复单元的尺寸是主链为聚苯乙烯的 MJLCPs 的两倍，因此聚合物 PbN10POSS 和 PNb12POSS 中 POSS 的密度是 PnPOSS 的一半。主链刚性的增加和侧基中 POSS 含量的降低，使得 POSS 结晶的对称性下降，更像是 K_T 结构而非 PnPOSS 中的 K_R 结构。③从整条聚合物链的角度看，聚合物 PNb10POSS 和 PNb12POSS 中侧基密度较低又使得刚性核的甲壳效应减弱，导致聚合物 PNb10POSS 和 PNb12POSS 有序 - 各向同性转变温度比聚合物 PnPOSS 低近 80 ℃。综合以上的分析，在 PNb10POSS 和 PNb12POSS 中，POSS 的引入增强了侧基的刚性，使聚合物中柔性链较短时也能形成液晶相；虽然侧基密度的降低以及刚性核与主链之间距离的增加又会降低分子链的刚性，但是主链中的双键和五元环的存在以及刚性核尺寸的增大增强了聚合物链的刚性。这两种作用的结果是 POSS 与聚合物主链间的耦合作用增强，在一定程度上 POSS 结晶和聚合物液晶相之间相互阻碍，导致这两种结构的有序度都比聚合物 PnPOSS 更低。图 4-12 是聚合物 PNbnPTs、PNb10POSS、PNb12POSS 和 PNb12POSS-1 的相结构示意图。

总之，以侧基含 POSS、主链为聚降冰片烯的 MJLCPs 为基础，使用普适性和可控性更强的聚合方法（ROMP）制备了单分散的多级有序结构，为多级有序组装体制备和调控提供了新的方法。

通过以上两种 MJLCPs 研究可知，侧基中含有棒状分子的 PNb10PP 分子链呈片层状，而侧基中含有 POSS 基元的 PNb12POSS 分子链呈柱状。因此，研究人员将这种形状不对称性引入刚 - 刚型嵌段共聚物中，如图 4-13 所示，研究链段不对称性和分子量对聚合物自组装结构的影响，希望得到微相分离、液晶和结晶结构共存的多级有序纳米结构。另外，开环易位聚合的方法不但有助于制备高分子量的聚合物，也有助于聚合物分子量和链段体积分数的调控。

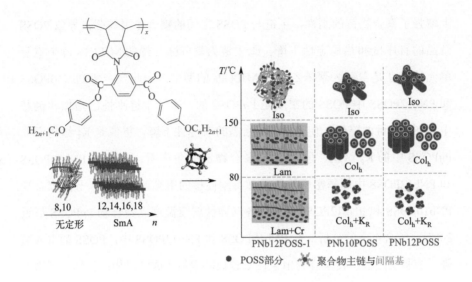

图 4-12　聚合物 PNbnPTs、PNb10POSS、PNb12POSS

和 PNb12POSS-1 的相结构示意图

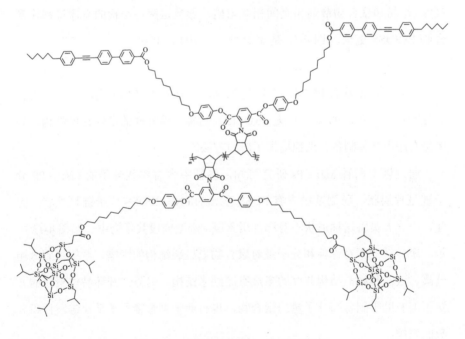

图 4-13　嵌段共聚物 S_mP_n 的化学结构式

研究人员通过开环易位聚合的方法，将 PNb12POSS 和 PNb10PP 进行嵌段共聚，得到不同分子量和体积分数的嵌段共聚物，S_mP_n，研究了聚合物的化学结构、相结构和相行为，及各基团之间的相互作用、分子链间的对称性和链段体积分数对聚合物组装结构的影响，得到微相分离、液晶和结晶结构共存的多级有序组装体。

研究结果表明，在嵌段共聚物 $S_{10}P_{30}$ 中，PNb12POSS 链段的聚合度过小，导致 POSS 的结晶和 PNb12POSS 链段的液晶相无法发育出来。PNb10PP 链段可以在亚十纳米尺度上形成近晶 A 相，棒状分子也可以在埃级尺度有序排列。同时，聚合物微相分离后形成周期尺寸是 27.5 nm 的层状相。由于链段形状的不对称性和堆积方式的不同，TEM（透射电子显微镜）中呈现同心或者弯曲圆环形态。在聚合物 $S_{20}P_{30}$ 和 $S_{30}P_{30}$ 中，各链段保持与均聚物类似的亚十纳米尺度和埃级尺度的有序结构。同时嵌段共聚物在整个变温测试中，保持尺寸约为 30 nm 的六方柱状相。在两个聚合物的 TEM 照片中可以观察到六方点阵和条纹结构。而在聚合物 $S_{30}P_{30}$ 的连续相中也可以观察到 PNb12POSS 链段形成的液晶相对应的尺寸约 5 nm 的条纹结构。聚合物 $S_{30}P_{120}$ 中链段体积分数 $f_{\text{PNb12POSS}}$ 过小，且分子量较大，微相分离后无法形成有序结构。聚合物 $S_{80}P_{120}$ 则由于链段刚性太大，且分子量过大，微相分离后只能形成低曲率、大尺寸（100 ～ 200 nm）的球状结构。总之，通过两种侧基含纳米构筑单元、主链为聚降冰片烯的 MJLCPs，成功制备了微相分离、液晶和结晶结构共存的多级组装结构。刚 - 刚型嵌段共聚物 S_mP_n 形成的多级有序纳米结构随体积分数 $f_{\text{PNb12POSS}}$ 变化如图 4-14 所示。

基于以上模型聚合物，通过调控 MJLCPs 和 POSS 基元，实现了聚合物组装体形成周期尺寸是亚十纳米的有序结构，而棒状分子（作为对比）则可以通过 π-π 相互作用在埃级尺度上形成共轭结构，嵌段共聚物微相分离后形成的有序结构周期尺寸则往往在 10 ～ 100 nm 尺度。另外，可以以两种含纳米构筑单元的 MJLCPs 为基础，制备纳米构筑单元含量高的刚 - 刚型嵌段共聚物，得到精细的微相分离、液晶和结晶结构共存的多级有序组装体。

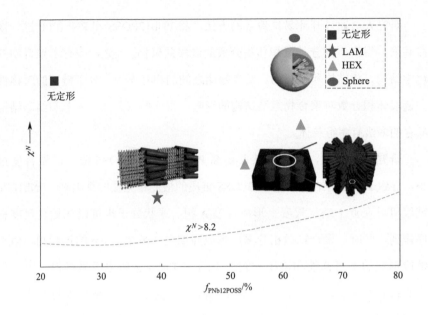

图 4-14　嵌段共聚物 S_mP_n 的多级组装结构随体积分数 $f_{PNb12POSS}$ 变化示意图

嵌段共聚物自组装成有序相形态的倾向取决于各嵌段之间相互排斥作用的强度，用 χ^N 表示，
其中 χ 为嵌段 AB 之间的弗罗里 - 哈金斯（Flory-Huggins）相互作用参数，
无量纲；N 为嵌段共聚物总聚合度

4.7　氢键型 MJLCPs

　　高分子各种不同尺度下的超分子自组装，一直都是科学家研究的热点。高分子链的有序排列对高分子性能有巨大的提升作用，而基于高分子链超分子自组装是构筑有序排列分子聚集体的有效方法。MJLCPs 利用高分子链间弱相互作用，高分子链可超分子自组装构筑有序排列分子链聚集体。不同功能性客体分子结构基元通过与超分子组装结构的液晶高分子进行氢键自组装，形成氢键型超分子自组装有序结构高分子。这类高分子超分子自组装在原有高分子链超分子自组装有序结构基础上，通过功能性客体分子的作用可得到性能互补，实现协同性能，产生新的特性。与传统的超分子自组装比

较，MJLCPs 链超分子自组装过程中，高分子链在基于非共价键的相互作用下自发地组织或聚集为一个稳定、具有一定规则的结构，形成高分子链超分子有序结构的整体，是一种整体的复杂的协同作用。另外，功能性客体分子与主体高分子链组装，改变侧基的结构与性质，影响整个高分子超分子自组装有序结构的性质，这类非共价键组装体具有良好的可控性和可逆性，因此可以通过外界刺激（如温度、溶剂、电、pH 等）响应，调控其超分子自组装有序结构，实现高分子超分子自组装结构的转换。高分子链超分子自组装能否实现取决于高分子的结构形式，如侧基结构基元、侧基间隔基类型与长度等特性，高分子链超分子自组装完成后能保持具有稳定的有序结构。同时对功能性客体分子氢键组装的超分子自组装有序结构的研究可以发现新概念、新功能和新材料，代表了当前超分子自组装技术和自组装研究的发展方向，是化学、物理学、材料科学和生命科学等的前沿领域。研究人员需要越来越多新颖的氢键复合物，为材料、生物及医学等学科领域开拓更大的发展空间注入新的活力。

如何根据特定功能需要进行分子结构设计和高分子链超分子自组装，从源头上实现新概念分子器件的创新，已经成为科学家们的研究重点。氢键型聚降冰片烯类 MJLCPs 的构筑与自组装研究中，关键技术是功能性客体分子和高分子的精细合成和高分子链超分子自组装。对氢键型聚降冰片烯类 MJLCPs 的超分子有序结构高分子的构筑与自组装，可以选择功能性客体分子结构基元与高分子链进行氢键组装，利用侧基间隔基类型和长度，一方面高分子和功能性客体分子结构基元具有各自形成聚集体的自组装功能，另一方面功能性客体分子结构基元也具有诱导其周围高分子链超分子自组装的功能，高分子链超分子自组装同时也诱导功能性客体分子结构基元的组装，即具有相互诱导自组装功能，从而使氢键型聚降冰片烯类 MJLCPs 链形成超分子自组装有序结构体系。研究人员研究不同功能性客体分子下的聚集形态与环境因素的关系及与其他非共价相互作用（诸如 π- 堆积、离子键等）的结合，可以发展新的有效的组装原理、手段和方法以及新的组装结构类型，并可拓展其在超分子化学、生物、材料和信息等科技领域的应用。

　　基于对氢键型聚降冰片烯类 MJLCPs 的组成、结构与性能的关系和认识含功能性客体分子的氢键组装的超分子自组装有序结构高分子的基本特性的探讨，研究人员在设计高分子结构上，需要精细合成，如功能性客体分子的结构设计与合成、单体结构设计与合成、单体的聚合方式以及主链长度等，必须非常清晰。为了解决这一难点，首先需要对含功能性客体分子及单体结构基元的中间体、单体等采用现代有机合成中的分离技术，精细合成单体后用 ROMP 来制备不同分子量的高分子，研究高分子的结构、分子量与性能关系，然后将超分子有序结构高分子与客体分子进行氢键组装，再研究功能性客体分子结构基元的高分子分子构筑 - 超分子构筑 - 聚集态结构之间的关联和高分子设计的规律，旨在从科学上探明氢键型超分子自组装有序结构在制备过程中的相态结构演变规律，阐明这种相态结构与物理性能间的内在关系，发展氢键型超分子自组装有序结构制备的新理论、新方法。

　　经过近四十年的发展，各种结构不同的 MJLCPs 被设计合成出来，主要可以分为聚苯乙烯类 MJLCPs 和聚降冰片烯类 MJLCPs。不同类型的主链决定了不同的分子结构合成策略和聚合方式，因此可以根据不同的主链类型选择不同的聚合条件。此外，侧基中刚性核的结构也是决定聚合物不同自组装结构的主要因素之一，因此可以选择不同的侧链结构以获得不同的自组装结构。

第 5 章

MJLCPs 基聚合物刷

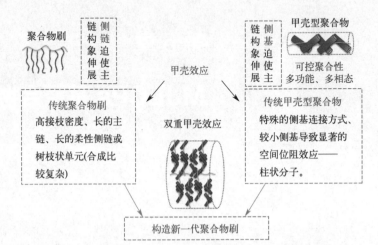

聚合物刷

側鏈迫使主鏈構象伸展

甲壳效应

链构象伸展側基迫使主

甲壳型聚合物

可控聚合性
多功能、多相态

传统聚合物刷
高接枝密度、长的主链、长的柔性侧链或树枝状单元(合成比较复杂)

双重甲壳效应

传统甲壳型聚合物
特殊的侧基连接方式、较小侧基导致显著的空间位阻效应——柱状分子。

构造新一代聚合物刷

创新性研究工作：

　　首次提出了双甲壳效应聚合物刷的概念，拓展了
MJLCPs 结构体系，提供了聚合物刷精准合成与构效
关系、功能化的研究平台。

作为人工合成材料，聚合物为人类社会的发展做出了巨大贡献。与此同时，聚合物自身也在不断适应社会的需要，发挥可人工裁剪的特点，不断向新的高度发展。从早期的结构材料到 20 世纪出现的功能聚合物，聚合物的每一点发展都充分体现了社会对材料新的需求。另外，通过设计功能性聚合物的自组装来构筑精细形状和尺寸的超分子结构是目前非常重要的研究内容之一。这种强烈的研究兴趣在于它们在超分子聚合物化学与材料中具有广阔的应用潜力。已有的各种超分子组装体系中，嵌段聚合物显示出各种迷人的形态，并已合成了众多不同化学结构、不同嵌段组成的复杂拓扑结构聚合物。在嵌段聚合物中，接枝聚合物是一类特殊的聚合物，它是由两种不同聚合物按照主链与侧链的关系组合形成的聚合物。当聚合物接枝密度高时，这类聚合物称为聚合物刷或梳状聚合物。

事实上，聚合物刷在高接枝密度下，由于侧链之间空间拥挤，很大程度上减小了邻近的聚合物链之间的缠结，排列更加有序，主链被迫伸直，刚性增加。比起相同分子量的线型聚合物，聚合物刷具有更加致密的结构。对聚合物刷而言，柔性主链上的接枝密度（主链单位长度上接枝侧链的数目）和侧链长度是决定链刚性的两个主要参量。实验证实，含柔性侧链的聚合物刷的主链刚性随侧链长度的增加而增大，存在一个从柔性线团到刚性柱状刷的转变。在良溶剂中，主链基本上是完全伸展的；而在不良溶剂中，主链是部分卷绕的。但实验所测聚合物刷链柱长度与理论推算间还存在一些明显不符之处。另外，当主链长度与侧链长度在同一数量级时为球形分子构象，当主链长度明显大于侧链长度时为蠕虫分子构象。因此，侧链的分子结构与性质对聚合物刷物理性质的影响完全不同于相似的线型聚合物。这种独特结构特性赋予聚合物刷各种应用，包括纳米结构、杂化纳米结构、生物医学材料、超柔软弹性体等。如生命体用于细胞信号传递和细胞保护的蛋白多糖（proteoglycans），即是由蛋白质为主链、多糖为侧链形成的聚合物刷。蛋白多糖之所以能够起到缓冲、润滑等特殊功能，正是其亲水性的梳状多糖结构沿着主链紧密排列的结果。再者，高分子量聚合物刷在本体上能形成大于100 nm 的球、片状和柱状体等，可以制备成不同发光颜色的材料。图 5-1 是聚合物刷类型示意图。

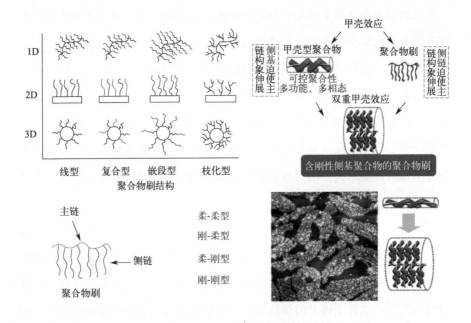

图 5-1 聚合物刷类型示意图

由于聚合物刷具有特殊的分子结构和从生物到纳米科学的广阔应用，有特殊功能基团、化学组成、侧链长度、主链性质和接枝密度的聚合物刷的合成引起了人们极大关注。虽然聚合物刷的研究工作开展了只有短短的十多年时间，但许多不同化学组成的聚合物刷都已经被合成出来。目前，研究的热点集中在以 PEO（聚氧乙烯）链、聚异丙基丙烯酰胺、聚苯乙烯和聚甲基丙烯酸（酯）等柔性聚合物为侧链的聚合物刷。功能化和分子形态的精确控制是功能分子工程的重要组成部分，而可调控的自组装过程决定了功能材料的物理性质。因此，如果在聚合物刷的侧链上引入具有特殊性能的功能基团或嵌段、用可控聚合方法合成刚性聚合物链，依靠聚合物刷特殊的分子结构，有可能得到具有特殊性质的聚合物刷。由于化学合成等因素，在文献中具有液晶性的聚合物刷的研究相对较少，特别是具有含刚性侧链液晶性聚合物的聚合物刷的研究几乎未见报道。为此，周其凤教授研究组提出了"双甲壳效应"概念，研究刚性侧链聚合物和不同主链（柔性/半刚性/刚性）聚合物组成的聚合物刷之间的相互作用规律，这对于加深对聚合物刷基础理论的认识，特别是高分子科学，具有重大意义。

因此，研究人员可以从具有"双甲壳效应"的含刚性侧链聚合物的聚合物刷的基本问题入手，开展相关的基础研究，发展具有功能性的含刚性侧链聚合物的聚合物刷以及与其集成的加工和制备新技术，进一步建立、完善含刚性侧链聚合物的聚合物刷研究平台，以提高我国在未来高科技领域的竞争力。

聚合物刷研究领域目前还存在一些尚未解决的基本问题：通过研究外场刺激等对不同结构的含刚性侧链聚合物的聚合物刷的影响规律，探索聚合物刷独特的功能特性；通过对不同刚性侧链聚合物与主链结构的设计以及控制与加工性能的研究，探索含刚性侧链聚合物的聚合物刷的可控制备与可集成性。这些问题的解决对于推动聚合物刷研究将起到至关重要的促进作用，并使聚合物刷研究迈向新层次、新高度。利用可控聚合方法合成的刚性聚合物 MJLCPs 为侧链的聚合物刷为刚性聚合物结构和性质的研究提供了一种得天独厚的聚合物模型，特别是它对外界刺激所具有的响应特性，使其在功能材料与器件等领域有着广阔的应用前景。图 5-2 为含刚性侧基聚合物的聚合物刷。

如何利用 MJLCPs 良好的可调控性和可修饰性更有效地得到特定功能的聚合物，是含刚性侧链聚合物的具有"双甲壳效应"的聚合物刷研究中的一

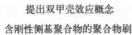

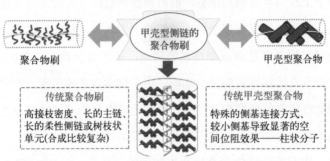

图 5-2 含刚性侧基聚合物的聚合物刷

个关键科学问题。具有"双甲壳效应"的聚合物刷与现有的聚合物刷研究的最大区别在于侧链的聚合物是基于可控聚合方法获得的功能性刚性聚合物。以 MJLCPs 为刚性侧链的聚合物刷体系，可以形成聚合物刷研究的一个重要分支。另外，聚合物刷和 MJLCPs 都是由于大的侧基迫使主链伸直，形成半刚性/刚性的主链构象而带来许多特殊的性质。从拓扑结构上看，这两种结构是完全相同的，即在侧链上，甲壳型侧基迫使侧链伸直为刚性（或半刚性）结构；在主链上，刚性 MJLCPs 侧链迫使主链伸直为半刚性结构。因此，含刚性侧链聚合物的聚合物刷具有两个层次的"甲壳效应"——"双甲壳效应"。研究人员将具有液晶性的刚性 MJLCPs 引入聚合物刷体系，有可能产生有别于现有研究结果的新的相行为、组装结构和溶液性质。同时，利用聚合物刷的"半刚性圆柱"与"侧链密集排列"两大特点，以功能化为目标，为这一特殊的拓扑结构为 MJLCPs 和聚合物刷的功能化研究提供新的研究思路。

研究工作的主要思路是通过对 MJLCPs 为刚性侧链的聚合物刷的分子设计、合成和功能化等的深入研究，考察刚性侧链聚合物中侧链的化学结构（包括侧链的大小、功能及尺寸）对主链刚性的影响和对聚合物刷构象转变的影响及对凝聚态结构稳定性的影响。同时，围绕不同结构的聚合物刷在光、电、热、溶剂等作用下的刺激响应，利用聚合物的可裁剪特性，进行结构设计和控制，探索对光、电、热、溶剂等响应的新概念、新原理以及新器件。

5.1　侧链 PMPCS、主链 PS 的聚合物刷

　　研究人员设计合成了含炔基的 PMPCS 以及含叠氮的 PS（聚苯乙烯），利用点击化学合成了一系列侧链为 PMPCS、主链为 PS 的柔 -g- 刚型聚合物刷。研究结果表明，该聚合物刷在不同基底表面上具有不同的聚集形貌，系统研究了聚合物刷在修饰的硅片表面上分子链聚集过程的演化机制，阐明了聚合物刷的刚性侧链、基底性质等对聚合物刷构象影响的规律，证实了该聚合物刷的侧链采取完全伸展的构象、主链采取部分螺旋构象的结构特征。利用 AFM（原子力显微镜）研究了此类聚合物刷的尺寸和结构。对于 PS_{943}-g-$PMPCS_{47}$ 聚合物，统计表明其侧链平均单元长度 0.23 nm，主链平均单元长度 0.21 nm，这些数值充分说明 MJLCPs 侧链以及聚合物刷主链处于伸直的构象。图 5-3 是 PS-g-PMPCS 结构和 PS_{943}-g-$PMPCS_{47}$ AFM 高度图。

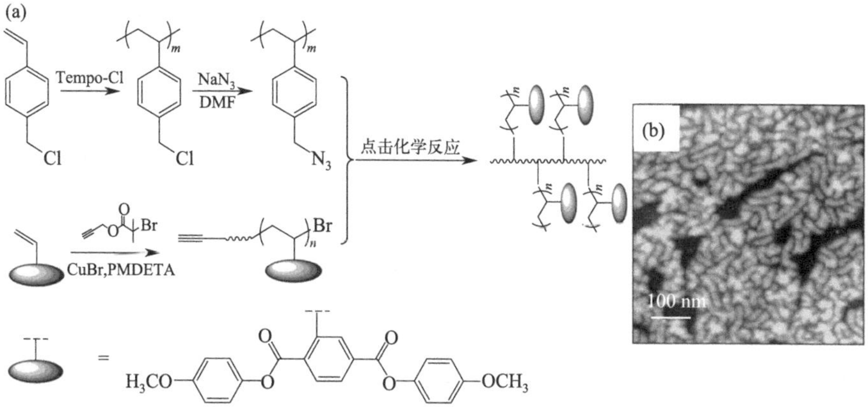

图 5-3　PS-g-PMPCS 结构（a）和 PS_{943}-g-$PMPCS_{47}$ AFM 高度图（b）

5.2 侧链 PMPCS、主链聚多肽的聚合物刷

目前，合成与研究的聚合物刷主要以柔性主链、柔性侧链为主，基于刚性主链或者刚性侧链的梳状聚合物的研究比较少，其主要原因在于很难通过活性聚合的方式得到刚性高分子链。随着 N- 羧基环内酸酐开环聚合的发展，人们能够通过活性聚合的方式得到分子量可控、分散度相对较窄的聚氨基酸高分子链，促进了以聚谷氨酸酯为主链或者侧链的聚合物刷的研究。

如果将聚氨基酸主链与 MJLCPs 的侧链结合起来，就可以得到刚性主链、刚性侧链的刚 -g- 刚型聚合物刷。这种全新的刚 -g- 刚型结构与传统的柔 -g- 柔型梳状聚合物在结构上有明显差别。研究人员设计合成了含炔基的 PMPCS 以及含叠氮的聚（γ- 炔丙基 -L- 谷氨酸）（PPLG），利用点击化学合成了一系列侧链为 PMPCS、主链为 PPLG 的刚 -g- 刚型聚合物刷，考察了侧链的体积排斥效应、侧链间特殊相互作用对主链构象的影响，系统研究了在良溶剂中这一含刚性侧链的聚合物刷的化学结构、侧链长度等参数的影响，随着侧链聚合度增加，聚合物刷在良溶剂中的构象逐渐从柱状变为椭球状，通过蠕虫状模型计算获得的持续长度为 4 ～ 10 nm。研究结果表明，该聚合物刷在本体中没有发育成液晶相。当侧链的聚合度相同时，由于 PMPCS 是刚性链，含 PMPCS 侧链的聚合物刷的柱径（R_c）是含 PS 侧链的聚合物刷的柱径的两倍［图 5-4（a）］。通过原子力显微镜（AFM）图可以看出，当侧链的聚合度增加时，聚合物刷的形貌从柱状变为椭球体［图 5-4（b）和（c）］。

研究人员通过 LB 膜（朗缪尔 - 布劳杰特膜）制备了聚合物刷的单分子膜，利用 AFM 表征了聚合物刷的表面形貌及尺寸，随着侧链聚合度增加整个分子从柱状逐渐变为椭球形，计算显示主链单元长度为 0.24 nm，意味着主链处于扭曲伸直的螺旋构象，侧链单元长度为 0.22 nm，说明侧链处于高度伸直状态。通过溶液 SAXS（小角 X 射线散射）表征了梳状聚合物在四氢呋喃

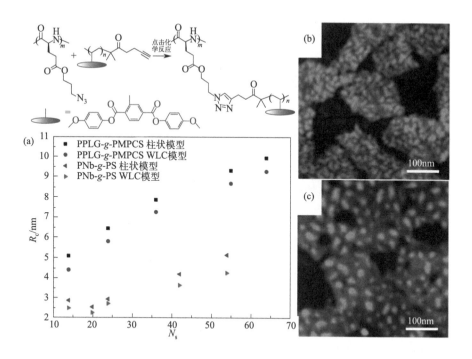

图 5-4   依照柱状和 WLC 模型得到 PPLG-*g*-PMPCS 的 R_c 值与侧链聚合度的关系并与
PNb-*g*-PS 的结果比较（a），以及 PPLG$_{126}$-*g*-PMPCS$_{14}$（b）和 PPLG$_{126}$-*g*-PMPCS$_{55}$（c）
的 AFM 图

中的尺寸、结构以及链刚性。研究结果表明，随着侧链聚合度的增加，整个
分子横截面尺寸明显增加，而整体尺寸增加则较小。通过柱状模型计算主链
单元长度为 0.22 nm，对应于聚氨基酸主链采取伸直的螺旋构象。通过椭球
模型计算了非球面性参数，随着侧链聚合度的增加，整个聚合物刷分子由柱
状逐渐变为椭球形。通过蠕虫状模型对聚合物刷主链刚性参数持续长度进行
了计算，随着侧链聚合度的增加，持续长度增加，意味着聚合物刷刚性增
强。与一般柔性链的聚合物刷相比，刚性 PMPCS 为侧链的聚合物刷，横截
面尺寸更大。

5.3 嵌段共聚物刷

嵌段共聚物刷是由两种或多种侧链与主链相连而得到的柱状或瓶刷状的大分子。其分子形状可以通过调节侧链长度、主链长度以及主链两段之间的比例来实现，从而影响分子链的堆积方式，最终实现对凝聚态结构的调控。近年来，嵌段共聚物刷受到科学家们越来越多的关注与研究。其中，嵌段共聚物刷凝聚态结构的研究对于其进一步作为材料应用具有非常重要的科学意义。

对嵌段共聚物刷的合成和组装，在聚合物的设计上，首先要考虑聚合物选择什么样的主链，这与嵌段共聚物的制备是息息相关的，在这里我们从聚合的角度选择聚降冰片烯主链。含降冰片烯基团的单体由于其可以进行 ROMP 聚合（开环易位聚合），具有聚合速率快、聚合可控、分子量大、对功能基团的耐受性好且聚合条件温和等优点。利用大分子单体通过顺序 ROMP 制备嵌段共聚物刷时，聚合速率受到催化剂、侧链长度以及降冰片烯基团与聚合物连接基团的结构影响，只有选择合适的结构以及分子量才能达到最后的研究目标。随着 ROMP 的不断发展，其催化剂结构也在不断地优化与改进，而现在 Grubbs 第三代催化剂是催化效率最高的也是使用最为广泛的 ROMP 催化剂。

对于嵌段共聚物刷，其组装结构除了与聚合度 N、两段之间的 Flory-Huggins 参数（弗罗里 - 哈金斯）χ、体积分数 f 相关以外，还与侧链长度的对称性相关。由于嵌段共聚物刷侧链的空间位阻较大，且相互排斥，会促使主链采取伸展构象，使其具有一定刚性。当侧链长度较为对称时，两段之间难以产生界面曲率，嵌段共聚物刷会在较大体积分数范围内表现出与组成对称的线型嵌段共聚物相似的组装行为，即更容易形成层状结构。当侧链长度不对称时，聚合物大分子具有一定的形状不对称性，两段之间容易产生界面曲率，因而表现出类似于组成不对称的线型嵌段共聚物的组装行为，即容易形成具有弯曲界面的结构，如柱状结构。有关嵌段共聚物刷的分子结构设计合成、凝聚态调控和性能研究将在第 6 章相关功能材料应用中进行介绍。

5.4   聚合物刷 P[St-*alt*-(MI-*g*-PMPCS)]

聚合物刷因具有特殊的拓扑结构和性质而引起了人们的极大关注。具有高接枝密度的聚合物刷也存在"甲壳效应"，与 MJLCPs 类似，聚合物刷中密集排列的聚合物侧链也迫使主链伸直，呈现刚性的构象。将 MJLCPs 作为刚性侧链引入聚合物刷中，所得聚合物刷具有"双甲壳效应"，可用于研究聚合物刷的侧链结构、聚合度、侧链构象、接枝密度等对聚合物刷整体构象及其自组装结构的影响，建立构效关系，并为基于聚合物刷的功能材料的设计、制备和应用奠定基础。

研究人员设计合成了端基为马来酰胺的 PMPCS 大分子单体 (MI-PMPCS)，将其与苯乙烯进行交替共聚，得到了接枝率100%、含 PMPCS 侧链的系列聚合物刷 P[St-*alt*-(MI-*g*-PMPCS)]，研究了这类交替共聚物的超分子自组装，并通过比较线型 PMPCS 与聚合物刷中 PMPCS 侧链的液晶性差异，揭示了主链和侧链的长度对聚合物刷液晶性质的影响规律（图 5-5）。研究了刚性侧链聚合物与不同主链（柔性/半刚性/刚性）之间的连接方式及主侧链聚合物之间的相互作用与聚合物刷超分子组装之间的协同作用规律，阐明了聚合物刷侧链的液晶性强弱是侧链受限效应和分子量增加效应这两种相反的效应相互竞争的结果。

同时，研究人员还分别设计合成了端基为马来酰胺的 PMPCS 大分子单体 (MI-PMPCS) 和端基为苯乙烯的聚乙二醇大分子单体 (St-PEO)，使用类似的交替共聚方法得到了交替共聚聚合物刷，并通过锂盐的掺杂诱导了聚合物刷的微相分离，揭示了这类聚合物刷的自组装规律。在该共聚物刷中，微相分离结构的尺寸与主链的长度无关，仅与侧链的长度相关。这一工作还揭示了刚性侧链长度、PEO 长度及锂盐掺杂量等与聚合物刷凝聚态结构及尺寸之间的关系，通过控制侧链长度实现了对微相分离结构尺寸的有效调控。该聚合物刷具有化学组成上的结构不对称性，有望在选择性溶剂中可控组装成不同微结构的非对称性纳米基元，并进一步组装 / 聚集成更大尺度的多级有序组装体。

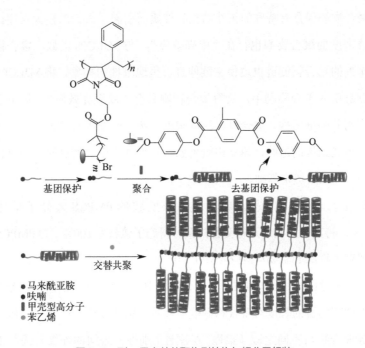

图 5-5　刚 – 柔交替共聚物刷结构与超分子组装

　　本研究工作聚合物刷合成方法简单、侧链聚合物分子量可控，一系列具有控制结构、特定性质和新型功能的聚合物刷，拓展了聚合物刷体系。通过对含刚性侧链聚合物的聚合物刷结构与性能之间关系进行深入研究，了解其分子设计的关键，加深了对这一聚合物刷体系的认识。

　　接着研究人员通过大分子单体聚合法设计合成了主链为聚降冰片烯、侧链为 PMPCS 的 100% 接枝的刚 -g- 刚型聚合物刷，研究了其化学结构与液晶性之间的关系，定量测定了聚合物刷及其侧链的分子量。聚合物刷中的

PMPCS 侧链由于空间受限，链段运动困难，线型均聚物能形成六方柱状向列（Φ_{HN}）相的 PMPCS 侧链也只能形成有序度更低的 Col_n 相。该工作揭示了刚性侧链聚合物刷的超分子自组装规律。研究结果对进一步了解含刚性聚合物侧链的聚合物刷中主链与侧链之间的相互作用规律以及加深对聚合物刷基础理论的认识都具有重要意义。

第 6 章

功能性 MJLCPs

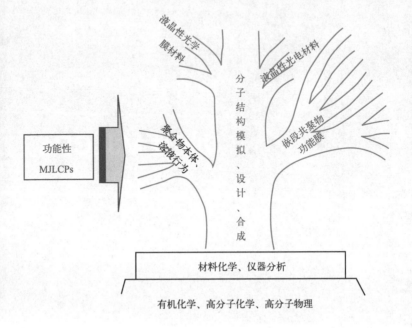

液晶性光学膜材料

分子结构模拟、设计、合成

液晶性光电材料

聚合物本体、溶液行为

嵌段共聚物功能膜

功能性 MJLCPs

材料化学、仪器分析

有机化学、高分子化学、高分子物理

创新性研究工作：

　　利用"甲壳效应"，通过聚合物聚集态结构与性能调控，实现了特定凝聚态结构的功能化，制备了高性能的功能材料，在耐高温热塑性液晶弹性体、光学补偿膜、耐高温固态聚合物电解质等方面取得了诸多重要进展。

作为人工合成材料，聚合物为人类社会的发展做出了巨大贡献。与此同时，聚合物自身也在不断满足社会的需要，发挥可人工裁剪的特点，不断向新的高度发展。从早期的结构材料到 20 世纪 70 年代出现的功能聚合物，聚合物的每一点发展都充分体现了社会对材料新的需求。为了尽快赶上发达国家的科技水平，必须从具有自主创新的基础研究抓起。功能性液晶聚合物的基础研究是我们必须进行的前瞻性、基础性工作。这既是我们面临的挑战，也是社会发展给予我们的机遇。因此，从 MJLCPs 的基本问题入手，开展相关的研究，发展功能性的 MJLCPs 及其集成的加工和制备新技术，提高我国在高科技领域的竞争力是我们科技工作者义不容辞的责任。

在 MJLCPs 理论体系已基本完备的基础上，如何利用我国原创性的 MJLCPs 理论，以先进性能为导向，从分子构造等入手，结合科学实验，实现从结构到性能的跨越，是当代科学的前沿问题之一，具有多学科交叉的特点，是一个极富创新和挑战的领域，它的应用有可能对未来科技、经济和社会发展产生积极影响。

功能性 MJLCPs 需要回答的科学问题是，MJLCPs 的超分子组装和功能化之间的关系如何展现 MJLCPs 的结构 - 性能关系？如何利用 MJLCPs 在超分子组装上的特点来实现对聚合物材料凝聚态结构的调控？如何利用特定的聚合物凝聚态结构赋予 MJLCPs 的高性能功能化？目前，功能性 MJLCPs 的研究还存在一些尚未解决的基本问题：通过研究光、电、热等对不同结构液晶聚合物影响的规律，探索 MJLCPs 独特的光、电等特性；通过对 MJLCPs 不同结构的设计以及控制与加工性能的研究，探索 MJLCPs 的可控制备与可集成性。这些问题的解决对于推动功能性液晶聚合物的研究将起到至关重要的促进作用，并使功能性液晶聚合物的研究迈向新层次、新高度。同时，为未来信息、能源等领域高技术产业的发展提供基础性、原创性源头。图 6-1 是高分子液晶功能与结构关系示意图。

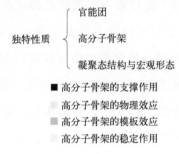

图 6-1　高分子液晶功能与结构关系示意图

　　我国一直处于 MJLCPs 研究的国际领先地位，在基础理论研究方面取得了令人瞩目的成果，奠定了 MJLCPs 材料研究的坚实基础。MJLCPs 在化学结构上属于侧链型液晶聚合物。聚烯烃类 MJLCPs 可以通过烯烃类单体的可控自由基聚合进行可控合成，聚降冰片烯类 MJLCPs 可以通过降冰片烯类单体的开环聚合进行可控聚合，两者都可得到分子量可控、窄分子量分布的聚合物。另外，由于单体结构的可调性，MJLCPs 具有可修饰性、多样性。在这样的背景下，如何利用 MJLCPs 良好的可调控性和可修饰性更有效地得到特定功能的聚合物是聚合物材料研究中的一个关键科学问题。

　　功能性 MJLCPs 拟解决的关键科学问题之一是"功能性 MJLCPs 不同结构所表现出来的特定性质"。主要围绕"功能性 MJLCPs 在外场刺激过程中的基本运动规律及其在构筑各种功能件时的应用"，重点是：①功能性 MJLCPs 不同结构与液晶性、特定的功能性之间相互作用基本规律；②功能性 MJLCPs 在特定器件的应用基础；③新型功能性 MJLCPs 的设计、合成，以及由此产生的新现象、新理论。

研究人员可以通过对 MJLCPs 基础性问题的深入研究，设计与制备具有优良特性的先进功能性的 MJLCPs。以 MJLCPs 功能材料的设计、性能、制备过程中所涉及的新概念、新结构、新方法、新技术以及新材料为突破口，利用其可裁剪性设计和制备 MJLCPs 功能材料，探索其在信息、通信、能源、材料等领域的应用。通过 MJLCPs 开展理论、实验和应用基础研究，在理论和实验的源头创新上有所突破，在这一重要研究领域获得原创性的具有自主知识产权的研究成果，提高我国在聚合物功能材料领域的创新能力。图 6-2 是 MJLCPs 功能化研究思路。

功能性 MJLCPs 是新兴的研究领域，很多研究都刚刚开始。需要着重关注：①利用 MJLCPs 基本概念与独特的结构设计，通过在分子尺度上的调控，从理论设计、化学合成、表征方法着手重点研究各类不同功能性的 MJLCPs 的多功能性、可加工性。研究 MJLCPs 的多种可控合成方法与原理，优化结构设计，发展相关理论和制备技术。重点研究 MJLCPs 的多层次纳米结构的构筑与功能组装中尚未解决的重大基础问题。这方面工作有助于我们对聚合物化学结构与其二级结构之间关系的理解。②可控合成液晶嵌段共聚物。探索 MJLCPs 中刚棒分子段的结构设计、聚合物功能性与聚合物体系的凝聚态结构、分子结构的优化及其内在的规律；发展多种可控聚合方法，自组装性及多层次、多尺度的组装结构材料的制备理论方法和实验技术。从宏观层面上，注重研究液晶聚合物各种结构与相应的加工、集成技术的关系。③功能性双亲聚合物材料设计及结构与性能关系研究。利用 MJLCPs 单体的可控聚合性和刚棒直径、刚棒表面的化学性质的精确控制和修饰的特点，设计合成刚棒长度可控的具有双亲性的刚棒状聚合物及嵌段共聚物、聚合物刷等，研究双亲性刚棒状聚合物有序结构构筑、功能和性能。在此基础上，建立结构与性能的关系，探讨在能源、特种高性能材料方面的可能应用，为材料的全新设计和应用提供自主创新技术。

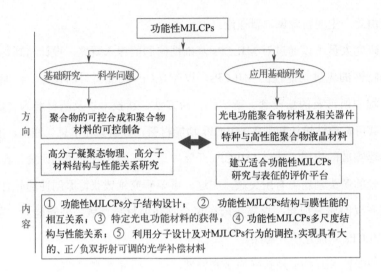

图 6-2　MJLCPs 功能化研究思路

6.1　MJLCPs 光电材料

能源是国民经济和社会发展的基础，是人类社会赖以生存和发展的重要物质保障。纵观人类社会发展的历史，能源技术的每一次重大进步极大地推进了世界经济和社会的发展。随着石油和其他化石能源的日趋枯竭和全球对于温室气体排放引起的气候变化问题的关注，节约能源、提高能源利用效率正在成为世界能源发展的主旋律。进入新世纪以来，随着能源环境问题的日益尖锐，更加积极地发展光电材料已成为新时期国家能源战略的重要任务之一。能源科学的研究中，材料研究是根本，它是能源转换的物质基础。

针对光、电材料研究领域的现状和不足，研究人员以聚合物材料的功能和性质为基础进行分子设计，通过可控聚合，制备具有不同尺度和不同层次结构的新型聚合物材料。一方面研究聚合物的功能性，建立结构与性能的关系，为进一步的分子设计和制备奠定基础；另一方面研究器件与材料性能的关系，探索具有实际可应用价值的聚合物材料。从分子设计出发，制备新型

高效的电 - 光转化聚合物材料；通过控制形成具有不同尺度和结构特点的聚合物，提高发光效能；同时通过对器件结构及制备工艺进行优化，获得具有高能量转化效率的光电器件。

从能源消耗来看，照明电力的消耗占全世界电力消耗的五分之一。为节省能源消耗，高发光效率与长寿命照明设备显得尤为重要。有机电致发光平面显示器由于具有主动发光、轻、薄、对比度好、无角度依赖性、能耗低、易制备、全色、高亮度、高分辨率、响应快等显著特点，在全世界范围得到了广泛的研究、应用。聚合物电致发光器件具有易通过溶液方法制备，及可以实现柔性平板显示的优点。聚合物发光材料分为主链型共轭聚合物以及侧链型聚合物，前者是人们研究最为广泛的聚合物电致发光材料。主链型共轭聚合物具有低的启动电压、高亮度、高发光效率、高机械强度和无定形性质。然而，主链型共轭聚合物电致发光器件仍然存在一些需要克服的问题，比如合成困难、溶解性差、难以形成高质量的光学膜、不可避免地存在无规分布的缺陷等。侧链型聚合物具有以下优点：具有可改变的侧挂基团，如可以在侧链上引入磷光发光基团，可以同时在侧链引入电子传输单元和空穴传输单元；侧链型聚合物通常不易结晶，化学稳定性好，溶解性好，易加工处理；侧链型高分子易通过自由基共聚合的方法共聚接上一些发色团或电荷传输单元。然而，单纯的侧链型聚合物由于柔性的主链，分子间容易聚集，且由于共轭性不好而使启动电压高，发光亮度和效率还比较低。

共轭高分子一般都是平面的线型结构，线型结构的共轭高分子很容易形成面对面的紧密排列，结果是发生分子间聚集过程，降低材料的光量子效率。另外，器件在制备过程中会产生热量，造成材料的形态发生改变，使发出光的颜色改变。如何控制材料的形态，减小分子内的相互作用，减小激基复合物的形成，一直是个难题。连接位阻大的取代基可以有效地减小分子内的相互作用，而且分子间距离变大会降低材料传输载流子的能力，载流子流动性的减小增加了载流子在传输位点的等待时间，因而增加了电子与空穴复合的概率。为了稳定材料的形态，需要材料有比较高的玻璃化转变温度，这在合成上比较困难。

MJLCPs 功能化在光电材料领域主要研究 MJLCPs 基功能聚合物的结构与性能关系，特别是研究具有光电信息功能的 MJLCPs 材料的分子设计与合成，开展聚集态结构、能态理论、激发态过程以及相关科学问题的系统研究，认识 MJLCPs 光电信息功能材料的结构 - 电子行为 - 信息功能的内在关联与规律，在此基础上探索、研制新型 MJLCPs 光电信息材料。

近几年，研究人员进一步围绕 MJLCPs 与功能材料创造中的重大科学问题和应用基础，进行软物质的可控聚合方法学研究，在分子水平和纳米尺度上，研究了聚合物的化学组成、纳米微结构对聚合物性能的影响，研究了聚合物高级组装结构不同尺度上的有序结构和功能集成特性，揭示了分子结构与性能之间的关系，以及聚合物软物质自组装过程中相互作用、动力学效应和熵效应作用的机理。从分子设计的角度看，由于有机材料空穴比电子的传输性要好，研究人员已经尝试了很多新材料，以提高电子传输能力。1,3,4- 噁二唑（OXD）及其衍生物有较高的电子亲和势、较好的电子传输性能，是自身发蓝紫光的一类荧光性很强的化合物。将 OXD 环引入不同的高分子体系中，制成电子传输型的高分子发光材料，是目前设计、合成高分子电致发光（PLED）材料研究中的热点。OXD 作为电子传输单元引入主链型共轭聚合物中，可提高聚合物的 T_g，并增加器件的寿命及提高热稳定性。将 OXD 环引入 MJLCPs 分子中，不仅具有 MJLCPs 的特性，同时又具有特殊的光学性能。将液晶性和电致发光性相结合，会使材料的载流子迁移率呈数量级地提高，从而提高电致发光的效率，而且所制作的器件能够直接发射偏振光。此外，为了使发光材料在电致发光器件中达到较好的电子、空穴注入速率的平衡，获得更高的电致发光效率，可优化器件结构，得到简单的单层器件。研究人员在分子设计时通过共聚，还可引入具有空穴传输性能的咔唑基团。这样设计分子结构是基于如下考虑：① MJLCPs 的无间隔基侧链会迫使主链采取伸直构象，主链运动自由受限，表现出较高的链刚性，有利于侧基中电子 - 空穴传递，可提高聚合物材料发光效率并对发光波长进行微调节；②聚合方法简单，聚合物的溶解性较好，易于器件的加工和制作；③噁二唑环引入 MJLCPs 中，会使其具有较好的热稳定性和化学稳定性。

6.1.1　侧基含双 1,3,4- 噁二唑的 MJLCPs

研究人员在 MJLCPs 思想的启发下，通过分子设计将液晶基元设计成发光、电荷传输基团，合成了一类主链为乙烯基和共轭发光基团（如聚苯、聚亚苯基乙烯、聚噻吩等），侧链为含双噁二唑的刚性液晶基元的 MJLCPs 及其共聚物，研究其发光性、液晶性、取代基的影响及在 LED 器件中的应用。在 MJLCPs 结构中：①大的液晶基元的甲壳包裹着共轭主链，完全限制了共轭主链之间的相互作用，限制了发光基团之间激基复合物的形成；②主链与侧链是两条不同的传输载流子的通道，提高了载流子的传输能力；③利用侧链与主链发色团之间能量转移可有效提高器件发光效率；④双噁二唑的引入提高了玻璃化转变温度和电子传输性；⑤液晶态有利于载流子的传输；⑥共聚单元的引入平衡了载流子的传输，提高了载流子的复合概率，提高了单层器件的效率。实验研究证实，合成的一系列 2,5- 二（5- 烷基苯基 -1,3,4- 噁二唑）乙烯基苯单体可以用过氧化苯甲酰（BPO）引发其进行自由基聚合，得到含 1,3,4- 噁二唑的 MJLCPs。研究结果表明，该聚合物具有良好的热稳定性、溶解性及成膜性能。聚合物在四氢呋喃稀溶液中的荧光量子产率较高。研究这类新型 MJLCPs 的结构与性能的相关性，不仅可以加深人们对液晶聚合物材料结构本质的认识，同时也可以为该材料的分子设计提供理论指导。

聚合物电致发光器件的研究表明，该聚合物是具有较好电子传输性能的发蓝光材料。①在单层器件中，与同类型侧链型聚合物相比，达到当年文献报道值的最高数值。②聚合物 P-Ct 作主体材料的电致发光性能研究发现，加入质量分数 30% 的空穴传输材料 TPD（*N,N*′- 二苯基 -*N,N*′- 二（3- 甲基苯基）-1,1′- 联苯 -4,4′- 二胺）时，与常用的聚合物主体材料 PVK（聚乙烯咔唑）比较，当 IrMDPP（吡嗪嘧啶铱配合物，MDPP 为 5- 甲基 -2,3- 二苯基吡嗪）含量为 10% 时器件光谱是非常稳定的，不随电压的变化而变化，其最大发射峰波长为 595 nm，发橘黄色光，其最大亮度达 3700 cd/m^2，外量子效率为 0.11%（PVK：最大亮度达 2000 cd/m^2，外量子效率为 0.05%）。图 6-3 是 P-Ct 作为主体磷光电致发光器件的材料组成。

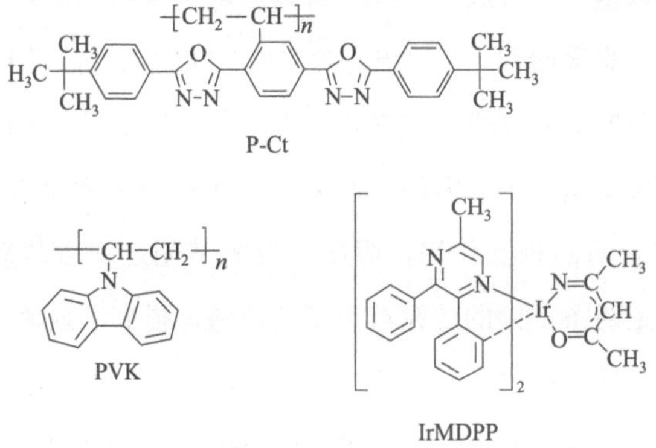

图 6-3　P-Ct 作为主体磷光电致发光器件的材料组成

众所周知，PVK 是一种典型的光导体，具有空穴传输性能，在紫外光范围有很强的吸收，其能量带隙在 3.2 左右，被广泛用作空穴传输材料。从 PVK 的结构来看，亲电的氮原子通过诱导效应吸收双键上的电子。由于其 p-π 共轭效应，氮上的未共用电子又供给双键，使双键富电子，其中共轭效应大于诱导效应，所以 PVK 有很强的空穴传输能力，在电致发光器件中常作为空穴传输层。这种空穴传输材料一方面具有良好的成膜性和稳定性，能提高器件的寿命；另一方面增加了电子 - 空穴复合的机会，使器件的发光效率提高。P-Ct 与乙烯基咔唑通过自由基溶液聚合反应得到无规共聚物。图 6-4 是

P-Ct 与乙烯基咔唑共聚物结构式。

PCt-NVK　　　　　　　　　IrMDPP

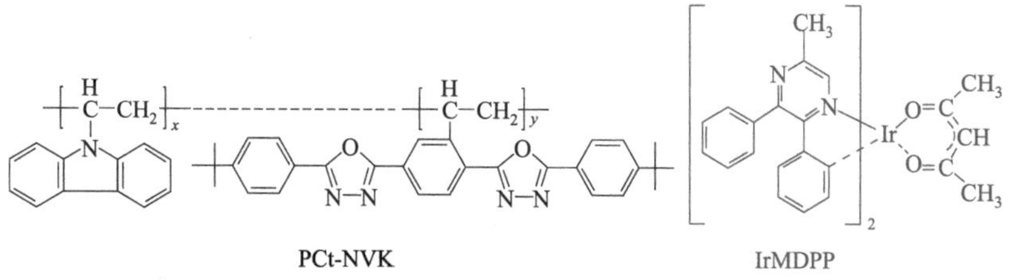

图 6-4　P-Ct 与乙烯基咔唑共聚物结构式

　　研究发现，随咔唑单元含量的增加，共聚物的荧光量子产率会下降。它们的光致发光和电致发光都在蓝光区域。共聚物电致发光光谱比相应的光致发光光谱红移了约 50 nm 左右，说明共聚物的光荧光和电荧光的复合区域有较大差别。共聚物与相应均聚物的电致发光有相似的发光峰波长，说明共聚物中咔唑单元的发光已淬灭（PVK 均聚物的电致发光波长在 410nm），咔唑单元的能量向含噁二唑环的单元发生了转移。研究结果表明，共聚物比相应均聚物的电致发光性能好，说明分子结构中同时含电子传输基团和空穴传输基团能提高电致发光性能。

6.1.2　树枝化 MJLCPs 电致发光材料

　　树枝化结构的聚合物在电致发光领域也有着重要的地位，这是由它们独特的结构特点所决定的。树枝状的庞大侧基可以对发光位点起到隔离作用，有效减少淬灭的发生，对于抑制分子间或分子内的聚集也具有重要作用。与结构趋于完美的树枝状聚合物不同，树枝化聚合物的分子量分布具有多分散性，难以实现较高的侧基代数，但是其溶液具有较高的黏度，成膜性较好。从结构上看，基于乙烯基的聚合物或共轭主链的聚合物都可以用于构筑树枝化电致发光聚合物。

主链型、侧链型以及分子量分布具有单分散性的树枝状电致发光聚合物已经得到了深入和广泛的研究，而对于树枝化电致发光聚合物的研究，制约其研究进展的一个重要问题是这类聚合物的合成相对困难，分离和提纯的要求严格、周期较长。尽管如此，树枝化侧基完美、精确的结构，以及这一结构对电致发光性能和器件的加工性能所带来的积极影响也正在激励着世界各国的科研工作者进行着不懈的努力和尝试。

树枝化聚合物的合成方法已日趋成熟，这类聚合物与 MJLCPs 在结构和性质上具有异曲同工之妙。随着树枝化侧基的代数不断增大，聚合物主链的刚性也不断增强，通过控制主链的聚合度和侧基的代数，同样可以实现对这类聚合物的分子剪裁。另外，树枝化侧基的表面具有大量的官能团，随代数增大，官能团数目呈几何级数增长，为刚性分子链的表面修饰提供了巨大的空间。通过改变化学组成、聚合度以及温度等参数，树枝化聚合物在本体中还可以形成丰富的自组装结构。另外，树枝化分子在抑制生色团聚集、隔离发光位点、降低三线态淬灭等方面的作用也已经得到了广泛研究。树枝化甲壳型电致发光聚合物模型如图 6-5 所示。

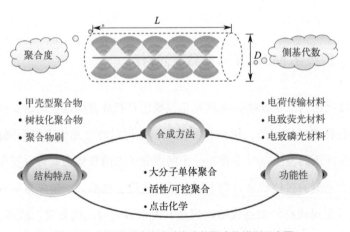

图6-5 树枝化甲壳型电致发光均聚物模型示意图

将功能性树枝化侧基引入甲壳型聚合物体系中，研究人员可用以研究这类聚合物的合成方法以及结构 - 组成 - 功能之间的关系。从化学角度看，这类聚合物可以通过大分子单体法、大分子引发剂法、点击化学等方法进行合成；从结构上看，它们具备了树枝化聚合物、甲壳型聚合物和聚合物刷的特点；从功能性角度看，通过将具有光电功能的基团引入树枝化侧基中，还可以实现电致发光材料、电致磷光主体材料以及电荷传输材料的制备。

咔唑及其衍生物是一类具有优良空穴传输功能的光电材料，在电致发光器件中被广泛用作空穴传输材料、蓝光发射材料和主体材料。有报道将树枝状结构的咔唑接枝到聚合物主链上，树枝状结构的引入起到了抑制功能性基团和聚合物主链的聚集以及屏蔽三线态激子的作用。目前，乙烯基的树枝化咔唑聚合物还未见报道，含树枝化咔唑单元的电致发光均聚物的研究也未见报道，树枝化咔唑聚合物的结构与其功能之间关系的研究也有待深入开展。基于此，研究人员设计合成了具有树枝化咔唑结构的一代和二代乙烯基单体，并通过普通自由基聚合的方法和"grafting through"（大单体共聚接枝）的策略成功合成了一代和二代树枝化甲壳型电致发光均聚物。研究结果表明，两代均聚物在不同溶剂中具有类似的光物理性质，膜中荧光光谱的最大发射峰波长较溶液中发生了 10 nm 左右的蓝移，均聚物膜经热处理后荧光发射峰变窄，这是由于发生了聚合物分子链的重排。X 射线衍射实验的结果表明，一代均聚物 PCbzG1 形成了六方柱状向列相，二代均聚物 PCbzG2 形成了柱状向列相的有序结构。电化学性质的研究表明两代均聚物都具有较高的 HOMO（最高占据分子轨道）能级，且与 PEDOT：PSS[聚（3,4- 乙烯二氧噻吩）：聚苯乙烯磺酸钠] 接近，聚合物具有较好的空穴传输性质。电致发光器件都具有较低的启动电压，经优化，PCbzG1 在器件结构 ITO/PEDOT:PSS/PCbzG1/TPBI/ AlQ/LiF/Al 条件下具有最佳的综合性质，最大亮度、最大电流效率和最大外量子效率分别是 2195cd/m²、0.240cd/A 和 0.353%。图 6-6 是树枝化 MJLCPs 结构和超分子组装。

这一工作首次设计并合成了两代具有树枝化咔唑侧基的聚苯乙烯类均聚物，并研究了这类聚合物结构与电致发光性能之间的关系。

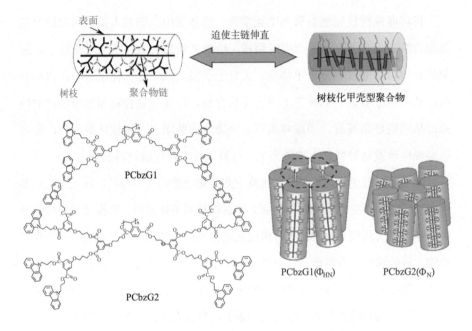

图 6-6　树枝化 MJLCPs 结构和超分子组装

6.1.3　MJLCPs 电致磷光材料

聚合物电致磷光材料可以充分利用三线态激子发光，理论上可以达到100% 的内量子效率。为了减少磷光发射过程中"三线态湮灭"现象，树枝状和树枝化的电致磷光聚合物近年来引起了人们的关注。单一高分子体系的薄膜更均匀，避免了复合膜中可能发生的相分离。磷光发射体系具有更高的效率，且双色发光体系和能量部分转移体系的调控方式更为简便，研究人员选取前述已合成的性能较好的一代树枝化 PCbzG1 为主体材料，通过与侧基含环状铱复合物结构的甲壳型聚合物单体进行共聚的方法，成功合成了一系列铱含量不同的电致磷光无规共聚物，提高了器件的效率，并通过改变客体的含量实现了对能量转移和器件发光颜色的调控。环状金属铱复合物具有较短的三线态寿命、较高的发光效率，合成相对简便，通过改变配体的种类可以实现对发光颜色的调控和对发光效率的提升。所有共聚物在溶液和膜中的

紫外 - 可见吸收光谱都表现为咔唑的特征吸收，溶液中的荧光光谱表现为单一的发射峰，膜中的荧光光谱出现了咔唑向铱复合物的能量转移（图 6-7）。经优化，含铱复合物 2.1%（摩尔分数）的共聚物 PCbzG1Ir3 具有最佳的器件性能，最大亮度为 2441 cd/cm^2，最大外量子效率为 0.520%。

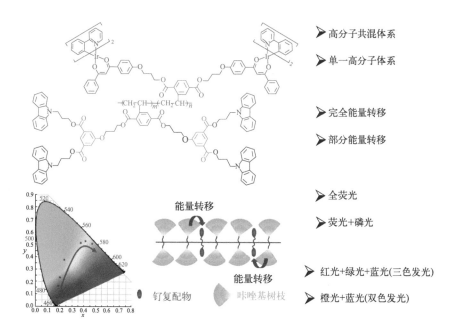

图 6-7　MJLCPs 电致磷光材料示意图

在这项工作中，基于已有发光性能较好的含树枝状咔唑的单体合成了一系列铱含量不同的电致磷光共聚物，通过控制铱含量，可以调节发光颜色从蓝光到近白光再到橙光。

6.1.4　双载流子功能树枝化 MJLCPs

为了将具有不同载流子传输功能的基团引入到聚合物分子中，常用的手段是共聚合。先分别合成出具有电子传输功能和空穴传输功能的单体，然后通过共聚反应合成具有无规或嵌段结构的共聚物，使其具有双载流子传输的功能。为了能够合成出结构明确，又具有双载流子传输功能的电致发光聚合物，研究人员在树枝化甲壳型聚合物模型的基础上，将具有空穴传输功能的咔唑和具有电子传输功能的 1,3,4- 噁二唑结构单元同时引入到树枝状单体中，采用均聚合的方法合成树枝化聚合物，这一聚合物中空穴传输单元和电子传输单元的数量具有明确的比例关系。光物理性质研究表明，树枝化和甲壳型的结构对于抑制功能性基团之间的聚集具有重要作用。电化学实验表明，这一均聚物具有较低的 LUMO 能级，对电子具有更好的传输能力。以 PCbzOXD 为发光层的单层器件的效率高出相同代数的二代均聚物 PCbzG2 一个数量级，表明即便在最简单的器件结构条件下，具有双载流子传输功能的均聚物仍然具有较好的性能，而树枝化咔唑均聚物只对空穴具有较好的传输能力，器件中载流子的传输难以达到平衡。图 6-8 是侧基同时含咔唑和 1,3,4- 噁二唑的聚合物结构（PCbzOXD）。

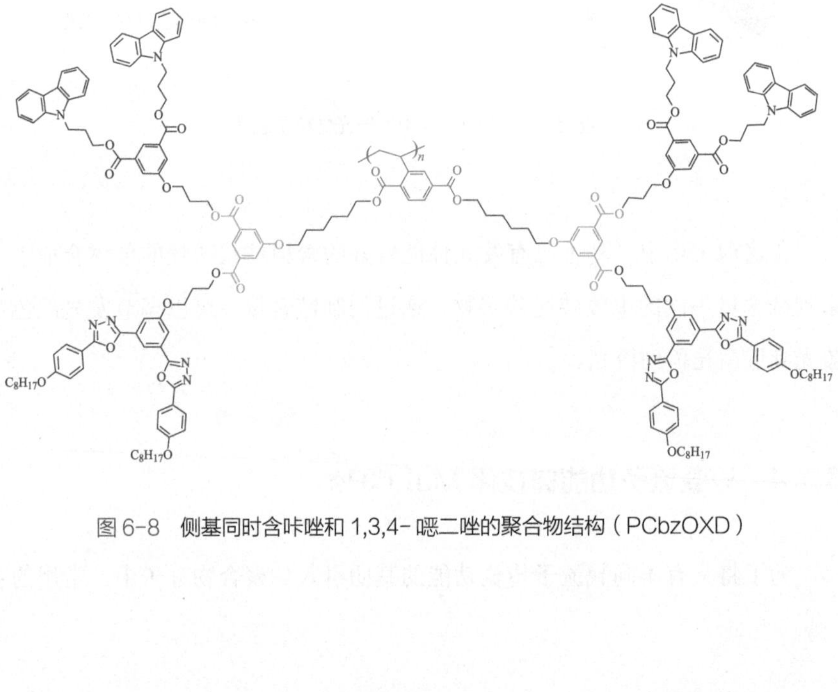

图 6-8　侧基同时含咔唑和 1,3,4- 噁二唑的聚合物结构（PCbzOXD）

6.1.5　主链刚性类 MJLCPs 及其功能化

除了侧链型电致发光聚合物之外，研究人员以芴和侧基含有噁二唑基团的甲壳型聚合物单体共聚，通过调节具有空穴传输性的芴和具有电子传输性的噁二唑基团之间的比例，得到了一类性能较好的蓝光聚合物发光材料，最大外量子效率可达到 1.35%。通过制作单层结构的器件发现，共聚物器件的电致发光光谱比纯聚芴器件的电致发光光谱的色纯度更好，抑制了聚芴长波长处的发射。以橙光客体材料 IrMDPP 作为掺杂剂，还得到了光谱随电压变化不显著的白光器件。此聚合物分子结构设计提供了一类新的研究光电器件性能与材料结构关系的模型聚合物。图 6-9 是芴和侧基含噁二唑基团的甲壳型聚合物单体的共聚物结构与发光性能。

项目	U_{onset}/V	L_{max} /(cd/m²)	$\eta_{L_{max}}$ /(lm/W)	$\eta_{I_{max}}$ /(cd/A)	CIE坐标	λ/nm (低电压)
PC8OF0	4.5	3122.8	0.218	0.416	0.160,0.068	426,449
PC8OF5	5.3	4443.0	0.202	0.474	0.152,0.059	426,450
PC8OF10	7.2	3498.0	0.102	0.310	0.166,0.125	426,448
PC8OF25	5.6	5097.8	0.174	0.484	0.163,0.187	426,450, 485
PC8OF50	6.1	2553.3	0.079	0.237	0.164,0.098	423,447

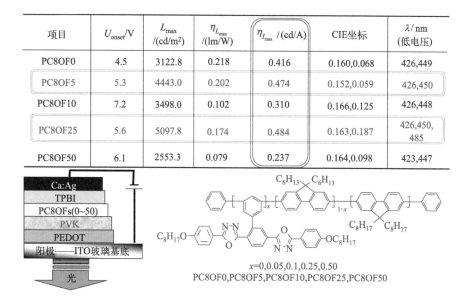

图 6-9　芴和侧基含噁二唑基团的甲壳型聚合物单体的共聚物结构与发光性能

在此基础上，研究人员将噻吩结构引入到这类共轭聚合物中，进一步优化了载流子传输的平衡。当甲壳段的含量小于或等于 10% 时，聚合物的光谱性质相当于甲壳段对聚芴均聚物的改性；而当甲壳段含量高于 25% 时，聚合物的能带结构发生了根本变化。电化学测试表明，这一系列聚合物的 HOMO 和 LUMO（最低未占分子轨道）能级都低于聚芴，甲壳段的引入提高了聚芴的电致发光性质，含量为 5% 时器件性能最佳，最大亮度为 5558 cd/m^2，最大电流效率为 0.38 cd/A。在 MJLCPs 结构中，大的双噁二唑基液晶基元的甲壳包裹着主链，完全限制了主链之间的相互作用。该聚合物是具有较好电子传输性能的发蓝光材料。图 6-10 是主链含有噻吩结构的甲壳型电致发光聚合物结构式。

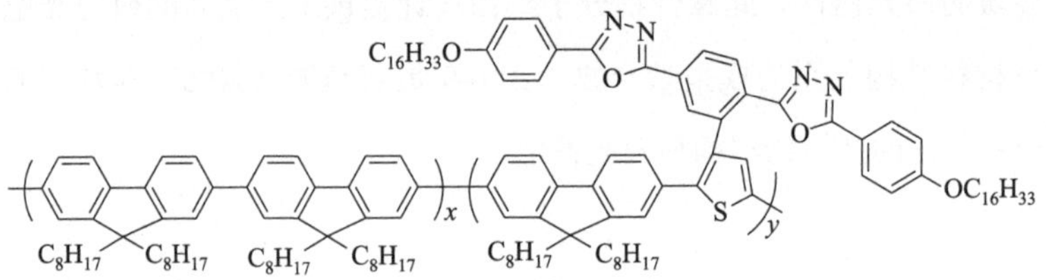

图 6-10　主链含有噻吩结构的甲壳型电致发光聚合物结构式

在本部分工作中，研究人员设计和合成了多种新型甲壳型共轭液晶聚合物，并对甲壳型共轭液晶聚合物的光学性能、器件性能与化学结构、凝聚态结构等关系进行了研究，揭示了 MJLCPs 化学结构对电致发光器件影响的一些规律，建立了功能基团结构与光电性质之间的关系，加深了对 MJLCPs 液晶相对器件发光性能影响的认识，探索了功能性 MJLCPs 在光学领域中的潜在应用。研究结果表明，MJLCPs 为研究光电器件性能与材料结构关系提供了一类新的模型聚合物。

6.2　MJLCPs 双折射特性

双折射率（Δn）是液晶的重要性质，在液晶显示中需要仔细调控。液晶的双折射率是指液晶的寻常光折射率 n_o 与非寻常光折射率 n_e 的差值。对于分子呈棒状的液晶而言，其指向矢的方向与分子长轴平行，再参照单光轴晶体的折射系数定义，它会有两个折射率，分别为垂直于液晶长轴方向 $n_\perp$（$n_\perp = n_o$，即寻常光）及平行液晶长轴方向 $n_{//}$（$n_{//}=n_e$，即非寻常光）两种，所以当光入射液晶基元时，便会受到两个折射率的影响，造成在垂直液晶长轴与平行液晶长轴方向上的光速会有所不同。若光的行进方向与分子长轴平行时的速度小于垂直于分子长轴方向的速度，这意味着平行分子长轴方向的折射率大于垂直方向的折射率，也就是 $\Delta n=n_e-n_o > 0$，而层状液晶与向列相液晶几乎都属于光学正型液晶。倘使光的行进方向平行于长轴时的速度较快的话，代表平行长轴方向的折射率小于垂直方向的折射率，即 $\Delta n < 0$。在影响 Δn 大小的诸因素中，温度 T 和光照波长 λ 是外界因素，液晶本身的分子结构是决定 Δn 大小的内在因素。

近些年来，大 Δn 液晶材料受到关注，如对用布拉格反射的胆甾醇液晶显示，大 Δn 可使反射谱带宽度增加并提高显示亮度；对聚合物散射显示，大 Δn 会增强光散射效率和对比度；对光学相控无线阵及红外立体光调制器，大 Δn 通过液晶盒厚度变薄缩短响应时间。除用于显示，高 Δn 液晶材料在其他方面的应用也颇具诱人前景。然而，目前液晶聚合物的高双折射率（正双折射率液晶聚合物和负双折射率聚合物）性能的全新光信息处理技术的研究还远远不能提供可满足实际应用的液晶材料和技术，因此具有高双折射率的液晶材料，特别是负双折射率的聚合物液晶分子设计合成与性能研究，正受到学术界和工业界的广泛关注。开发高的负双折射率聚合物和器件是这一领域的一个重要课题。

高的负双折射率聚合物的重要应用之一是制作偏振器件（双折射率棱镜）、波晶片（位相延迟片）。此外，还可构成多层反射镜，获得传统多层膜光学结构难于或不可能得到的光学效应，这使新型多层膜干涉光学器件可望具有前所未有的传输、过滤和反射光的能力。这些应用包括远距离传送可见光用的高效率反射镜、均匀发光的小型光显示器、双折

射薄膜滤光片、电光可调滤光片、偏振片以及磁性记录器件等。高双折
射率液晶聚合物在其他方面的应用也颇具前景，包括装饰品、化妆品、
保护膜、光电子元件以及用于镶玻璃建筑和汽车的红外日光控制反射膜
等，具有巨大的应用潜力。光学各向异性双折射率薄膜的制备及其应用
研究已经引起了广泛重视。其中高的负双折射率聚合物的进一步突破是
实现这些新颖光学器件的关键和前提。寻求一种性能优良的高负双折射
率聚合物材料成为目前研究的热点，并已成为光信息领域的前沿研究课
题之一。

在 IPS 液晶显示器中，为获得高质量的显示效果（如广视角、高对比度
和灰度稳定性），需要使用具有正双折射的光学补偿膜，这是一种相对比较
简单且经济实用的方法。目前已经商业应用的正双折射相位补偿膜大都需要
拉伸取向等非常复杂昂贵的后处理过程。

聚合物双折射率的测定方法。

仪器型号：棱镜耦合器 (Prism Coupler，美国，Metricon)，氮气气氛保
护。氦氖激光器发出的光源波长为 633 nm。

聚合物膜制备：称取聚合物样品 25 mg，溶于约 1 mL 环戊酮中，可
适当加热使其充分溶解，然后倾倒于洁净的玻璃片上，缓慢挥发干溶剂，
用刀片小心将聚合物薄膜从玻璃片上剥离，即可得到大面积透明独立的
薄膜。

双折射率的测试：将聚合物薄膜置于样品台上，可直接测出薄膜面内
（n_e）和面外（n_o）的折射率，采用如下公式计算即可得出聚合物薄膜的双折
射率：

$$\Delta n = n_e - n_o$$

对于 MJLCPs 的研究，现有的工作主要集中在其结构与液晶性、相态与
自组装等方面，而对其非线性双折射特性的研究很少有报道，因而需要对
MJLCPs 薄膜的非线性双折射特性进行探讨。

　　MJLCPs 是一类既具有侧链型高分子的液晶性质又具有主链刚性的液晶聚合物，而且聚合方法简单，分子量分布窄，溶解性与热稳定性好。研究人员在侧基上引入具有电荷传输性质的双噁二唑基元，制备了刚性侧基液晶基元的 MJLCPs 及其共聚物，研究了它们的分子结构与性能关系。研究发现，增加侧基液晶基元的刚性，可以实现体系有近晶（SmA）相。MJLCPs 独特的构象使其在溶液涂膜后形成的薄膜材料具有较高的正双折射值，即 $\Delta n = 35.0 \times 10^{-3}$（632.8 nm），这为新型偏振发光膜和新型光学膜的制备提供了很好的可选用材料。这类聚合物作为光学补偿膜在加工工艺上能节省成本。研究人员从化学结构及链取向对薄膜正双折射值的影响进行了研究。双折射值的测试结果表明，聚合物化学结构直接影响其双折射值，而侧链液晶基元相对于聚合物主链的有序参数以及高分子链在聚合物膜中的取向也影响聚合物膜的正双折射值。图 6-11 是 MJLCPs 双折射特性原理示意图。图 6-12 是 MJLCPs 超分子组装和膜各向异性性能。

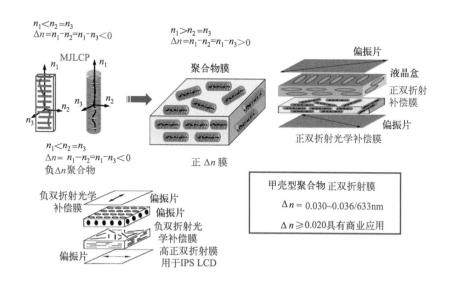

图 6-11　MJLCPs 双折射特性原理示意图

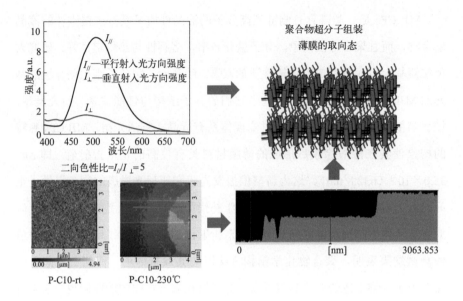

图 6-12　MJLCPs 超分子组装和膜各向异性性能

　　研究结果表明，聚合物的双折射值与聚合物结构、液晶相态、侧基末端烷基酯的长度等相关，在侧基刚性结构一定时随烷基酯碳数的增加，双折射值增大。由于双折射值主要由刚性侧基的有效取向方向所决定，对 MJLCPs 体系，侧基刚性增大，聚合物链超分子组装的有效取向方向显著提高，最终可使聚合物具有较高的双折射值。

　　表 6-1 是不同结构 MJLCPs 与对比物双折射特性比较。这一工作利用 MJLCPs 的独特性质，通过简单的溶液加工方法获得正双折射值高达 0.0350 的聚合物膜，避免了其他聚合物需要拉伸取向等后处理的缺点。研究人员阐明了聚合物薄膜正双折射值与液晶基元取向度的关系，为今后研制可商用的光学补偿膜材料提供了理论和实验基础，进一步对 MJLCPs 的结构进行优化设计，可使侧基在聚合物薄膜中具有更好的取向性，有望使相应的聚合物薄膜具有较高的正双折射值。

表 6-1　不同结构 MJLCPs 与对比物双折射特性比较

化合物名称	$M_w/10^4$	$\Delta n/10^{-3}$	备注 (He-Ne 激光)；相态
聚苯乙烯	—	3.0	5 mW, 632.8 nm；无定形
四甲基聚碳酸酯 (TMPC)	—	8.0	5 mW, 632.8 nm；无定形
聚乙烯咔唑基复合物	—	1.3	25 mW, 632.8 nm；无定形
MJLCPs 2#	—	8.0	633 nm；柱状相
MJLCPs 3#	—	18.0	633 nm；柱状相
MJLCPs 4#	—	20.0	633 nm；柱状相
MJLCPs 5#	16.0	35.5	近晶相
MJLCPs 6#	12.2	36.2	近晶相
MJLCPs 7#	23.0	29.5	近晶相

　　以上研究的结论是，具有甲壳型结构的聚合物的刚性侧基在使用常规溶液涂膜方法制备的薄膜材料中，具有垂直于膜表面的宏观取向，使得薄膜样品的双折射为正值（面外的折射率大于面内的折射率），从而得到了有望作为正 C-板光学补偿膜应用于液晶显示中的正双折射率高分子膜材料，而无需拉伸等后处理，所得的薄膜作为光学补偿膜在液晶显示领域中有良好的应用前景。

6.3　耐高温热塑性液晶弹性体

　　橡胶是唯一高弹性高形变的基础材料，是国民经济与国防建设不可或缺的材料，是第四大战略物资，年消耗超过 600 万吨，行业 GDP 超 6000 亿元。图 6-13 是橡胶主要应用领域示意图。

　　传统橡胶存在的问题是单体采用阴离子聚合制备橡胶体，聚合体系严格要求无水、无氧（安全性差），使用碱金属或有机金属化合物催化，聚合体系高黏高弹，不得不使用大量溶剂（溶液聚合），溶剂脱除能耗高，导致工艺复杂、设备庞大、能耗巨大。另外，传统橡胶制备都是通过化学交联或硫化成型，是不可逆交联，产品不能回收利用，资源浪费大，产生大量固体废弃物，影响环境。图 6-14 是传统橡胶制备流程示意图。

图 6-13　橡胶主要应用领域示意图

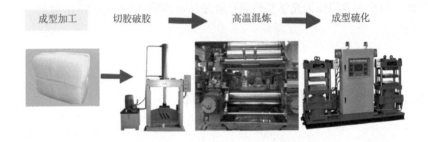

图 6-14　传统橡胶制备流程示意图

　　热塑性弹性体（TPEs）又称热塑性橡胶，被誉为第三代合成橡胶。其产品既具备传统交联硫化橡胶的高弹性、耐老化、耐油性等各项优异性能，同时又具备普通塑料加工方便、加工方式多样的特点。既简化加工过程，又降低加工成本，因此 TPEs 已成为取代传统橡胶的新材料，是一类更具人性化、高品位的合成材料，也是世界化标准性环保材料。图 6-15 是热塑性弹性体成型机理示意图。

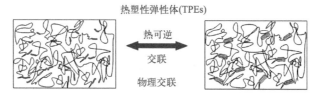

图 6-15　热塑性弹性体成型机理示意图

　　TPEs 分为通用 TPEs 和工程 TPEs，目前已发展到 10 大类 30 多个品种。1938 年德国 Bayer 最早发现聚氨酯类 TPEs，1963 年和 1965 年美国 Phillips 和 Shell 开发出苯乙烯 - 丁二烯 - 苯乙烯嵌段聚合物 TPEs，20 世纪 70 年代美欧日各国开始批量生产烯烃类 TPEs，技术不断创新，新的 TPEs 品种不断涌现，构成了当今 TPEs 的庞大体系。世界上已工业化生产的 TPEs 有：苯乙烯类（SBS、SIS、SEBS、SEPS）、烯烃类（TPO、TPV）、双烯类（TPB、TPI）、氯乙烯类（TPVC、TCPE）、氨酯类（TPU）、酯类（TPEE）、酰胺类（TPAE）、有机氟类（TPF）、有机硅类和乙烯类等，几乎涵盖了现在合成橡胶与合成树脂的所有领域。苯乙烯类和烯烃类 TPEs 是第三代合成橡胶，其结构是刚 - 柔 - 刚共聚物，在工业界具有重要的应用，既有橡胶的弹性，又有塑料的易加工性，成本较低，可回收再利用。（A-B-A）TPEs 在柔性段 B 的周围存在两种 A/B 界面，A-B-A 三嵌段共聚物形成桥形及环形两种不同的构象，桥形构象对嵌段共聚物的力学性能有很大影响。

　　苯乙烯类 TPEs 在全球 TPEs 整体产能中约占近 50%，是 TPEs 的重要品种，广泛应用于汽车部件、制鞋、沥青改性等领域。苯乙烯类 TPEs 通常包括苯乙烯 - 丁二烯 - 苯乙烯（SBS）、苯乙烯 - 异戊二烯 - 苯乙烯（SIS）等共聚物，是采用活性负离子聚合方法合成的。SBS 弹性体具有低温弹性优良、高温可加工性，耐热性较差。聚苯乙烯（PS）的玻璃化转变温度较低（80 ～ 100 ℃），一般采用阴离子聚合的方法来制备。对于负离子聚合方法制备的 SBS，其中聚苯乙烯（PS）链段（硬段）为无规结构，聚丁二烯（PB）链段（软段）的顺 -1,4 结构含量在 35% ～ 40% 之间。通过相分离驱动，三嵌段共聚物中的无规 PS 链段形成物理交联点微区，PB 或聚异戊二烯（PI）软段用于贡献弹性，材料的服役温度受 PS 微区限制，当使用温度高于 PS 的玻璃化转变温度时，PS 链段可显著运动，直接影响 PS 微区的牢靠性，导致材料物理力学性能下降，因而限制了此类 TPEs 材料的应用范围。图 6-16 是聚苯乙烯类热塑性弹性体 SBS 物理交联示意图。

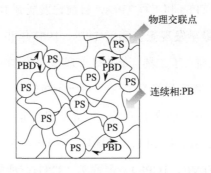

图 6-16　聚苯乙烯类热塑性弹性体 SBS 物理交联示意图

　　TPEs 具有热塑性塑料的加工性能和硫化橡胶的物理性能，其凝聚态结构上最为重要的特点是相分离。对于嵌段型 TPEs，两相间通过嵌段或接枝以化学键相连。在使用温度下，TPEs 的一相为橡胶相，通常是由玻璃化转变温度低的脂肪族醚类或二烯烃类聚合物（软段）构成；而另一相则由玻璃化转变温度较高或能形成结晶结构的聚合物（硬段）构成。TPEs 的硬相在一定程度上起到传统硫化橡胶交联点的作用，并使得体系具有更高的强度，其本质是物理交联作用。这种两相结构决定了 TPEs 的性质。在加工温度高于硬相的玻璃化转变温度或熔点时，或者将其溶解在溶剂中，则 TPEs 可以流动，可以利用普通的塑料加工设备和加工方法进行加工。利用其塑性可逆特点，TPEs 可以有效地回收再利用，符合当今对可持续发展、绿色环保、聚合物资源高效利用、节能降耗等方面的需求。但是，硬相物理交联特征也决定了TPEs 在使用中存在诸多不足之处。在外力作用下，硬相部分的蠕变或应力松弛将使体系产生永久形变，导致形状回复和形状稳定性较差。物理交联也使得 TPEs 的耐化学品性和耐溶剂性不足。热塑性加工和高温稳定性存在一定的矛盾。若在 TPEs 中引入高温高模链段，其加工温度可能会变得相当高，甚至高于软段的分解温度。而选用适合在较低加工温度进行加工的硬相，则 TPEs 的上限使用温度将会降低。

虽然要使得 TPEs 同时具有高度的耐化学品性、耐溶剂性以及耐高温性极为困难，但其化学结构的可调性和凝聚态结构的可控性赋予其更多硫化橡胶所不具有的性能，填补了硬的硫化橡胶与高抗冲塑料之间的过渡区。是否有可能提高热塑性弹性体的使用温度范围，特别是高温区域？回答是肯定的，解决方法之一是设计高 T_g 单体、引入刚性（液晶性）链段作为硬相的热塑性液晶弹性体（TLCE）。TLCE 是一种新型高分子材料，具有优异的热塑性、液晶性和弹性。TLCE 合成方法的研究是探索一些特殊性能的热塑性弹性体，如耐高温 TLCE 材料。

近年来，兼具高弹性和液晶性的 TLCE 日益成为热塑性弹性体领域的又一研究热点。TLCE 通常是指具有液晶性的三嵌段或多嵌段聚合物，是非交联型液晶聚合物经适度交联，并在各向同性态或液晶态显示弹性的聚合物。TLCE 是一种新型超分子体系，是近 30 年来液晶聚合物研究领域的一个新兴分支学科。TLCE 集弹性和液晶性于一身，有弹性体和液晶的双重特性（即弹性、有序性和流动性），与其他非交联型液晶聚合物相比，TLCE 最重要的特性是机械力场下的取向特性。图 6-17 是热塑性液晶弹性体各组成之间关系示意图。

TLCE 是交联结构与液晶性并存的体系，因而显示出一些独特的性质和功能：

① 液晶态。TLCE 与非交联的液晶聚合物前体具有相同的分子排列，即轻度交联键的引入，并没有改变液晶态的分子排列分式；液晶的相变温度没有明显的变化；随交联密度的增加，清亮点向低温位移。当交联密度超过极限值时，液晶相消失。

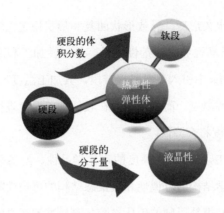

图 6-17　热塑性液晶弹性体各组成之间关系示意图

②机械力场作用下的取向性。轻度交联结构的存在使液晶弹性体在各向同性态和液晶态均表现出弹性行为。在各向同性态时，TLCE 与普通弹性体性质相同，在液晶态时，宏观应力作用于液晶弹性体时，宏观结果是介晶基团响应力场作用而取向。机械力场对 TLCE 分子取向的影响较磁场对 TLCE 分子取向影响大几个数量级。

由于其独特的性能，TLCE 在许多领域都具有广泛的应用前景，例如电子、医疗、汽车和航空等。TLCE 的制备通常采用共聚的方法，将液晶聚合物和弹性体嵌段在一起。这种方法可以获得具有优异性能的新型材料。TLCE 具有液晶性和弹性，可以在特定的温度下发生相变，并表现出优异的力学性能和热稳定性。近年来，TLCE 的研究取得了重大进展。研究者们通过改变 TLCE 的分子结构和制备方法，提高了其性能，并开拓了新的应用领域。例如，一些新型的 TLCE 表现出更高的热稳定性和更优异的力学性能，使其在高温和高湿度的环境中也能保持稳定的性能。此外，研究者们还开发出一些具有自修复能力和可逆性的 TLCE，使其在智能材料领域具有广泛的应用前景。

虽然 TLCE 的研究已经取得了显著的进展，但仍有许多挑战需要我们去面对。问题一：制备工艺的复杂性。TLCE 的制备过程通常涉及复杂的化学反应和物理处理过程，这导致了制备成本的增加和大规模生产的困难。问题二：材料性能的稳定性。TLCE 的性能会受到多种因素的影响，包括温度、湿度、机械应力等。这些因素可能导致材料的性能发生变化，从而影响其在实际应用中的效果。此外，材料的耐久性和可靠性也是当前研究中需要关注的问题。问题三：界面性能的优化。在 TLCE 的应用中，界面性能是一个关键问题。如何提高材料与其他材料或基底的黏附力，防止材料在应力或环境因素下脱落，是当前研究的难点。此外，界面性能还直接影响材料的可加工性和可塑性。问题四：环保和可持续性问题。TLCE 的制备过程中可能涉及一些有毒或对环境有害的化学物质，这使得材料的环保性和可持续性受到质疑。如何在保证材料性能的同时，降低其对环境的影响，是当前研究的重点之一。

针对以上问题，未来的研究应从以下几个方面进行：探索新的制备工艺，降低成本，提高效率；深入研究材料的性能和稳定性，提高其耐久性和可靠性；优化材料的界面性能，提高其与其他材料或基底的黏附力；寻找环保和可持续性更强的替代材料或处理方法。

针对目前 TLCE 所存在的问题，以 TLCE 材料的高性能化与功能化为目标，需要从软硬段分子结构设计、链段长度、共聚组成、物理交联点的硬化与增强等方面入手，充分结合高分子合成化学与高分子物理的研究手段，探索新的"工程"高模量、耐高温 TLCE，考察所得材料的结构与性能的关系。

目前最具有市场应用前景的 TLCE 主要是甲壳型液晶热塑性弹性体。周其凤教授研究组首次报道的 TLCE 的结构与性能如图 6-18 所示。这类 TLCE 是在硬段中引入 MJLCPs，替代 PS 制备 TLCE，利用 MJLCPs 玻璃化转变温度较高、高温下形成有序结构的特点来提高 TLCE 的使用温度范围。

研究人员进一步将 MJLCPs 作为硬段引入三嵌段或多嵌段共聚物中，合成了聚二烯烃（聚丁二烯或聚异戊二烯）软段的 TLCE。棒状 MJLCPs 链段作为超分子液晶纤维的微细结构均匀地分散在柔性聚合物基体中，能有效

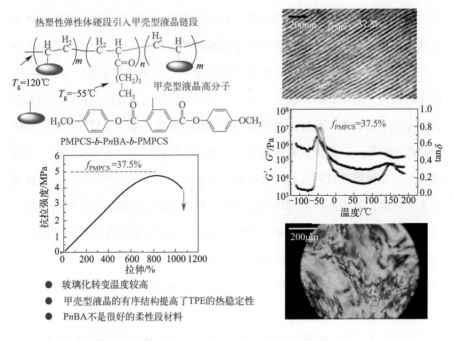

图 6-18　周其凤教授研究组首次报道的 TLCE 结构与性能

地提高 TLCE 的性能。研究人员采用与聚二烯烃软段不同的聚合方法得到 MJLCPs 硬段，考察了所设计的 MJLCPs 单体的聚合性质，实现了对聚合反应过程的精密控制和对嵌段共聚物链结构和拓扑结构的调控和优化。同时还系统研究了含 MJLCPs 硬段的热塑性弹性体的凝聚态结构的形成和调控规律，实现了微相分离形态的可控制备。通过改变 MJLCPs 的化学结构，深入考察了 MJLCPs 的特性如链刚性、长径比、取向性、耐热性、相结构等对 TLCE 的热力学性质和材料性能的影响。综合运用各种物理及化学表征方法研究微相分离、液晶相态等凝聚态结构问题，系统研究聚聚态结构的形成和调控规律；深入考察化学结构及凝聚态结构对材料力学性能、热性能、环境稳定性等的影响，获得了制备方法、结构与材料性能的相互关系。在深入了解结构与性能之间关系的基础上，为功能性 MJLCPs-TLCE 的设计和应用开发自主创新技术，探索了该类 TLCE 材料潜在和可能的应用领域。图 6-19 是 MJLCPs 基 TLCE 结构与交联机理示意图。

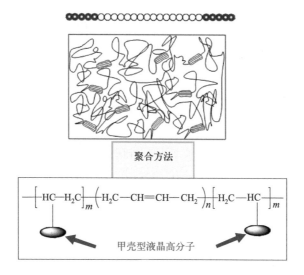

图 6-19　MJLCPs 基 TLCE 结构与交联机理示意图

案例 1：研究人员设计合成了 SBS——热塑性弹性体苯乙烯 (S)- 丁二烯 (B)-苯乙烯 (S) 为模型的 MJLCPs 基 TLCE，合成路线比较简单易行，成本相对比较低。在结构设计上，创新地运用开环易位 - 链转移聚合合成聚二烯烃软段，并结合可控自由基聚合的方法合成 MJLCPs 硬段，解决了阴离子聚合对合成工艺条件要求苛刻的问题。图 6-20 是 MJLCPs 基 TLCE 结构（M-B-M）示意图。

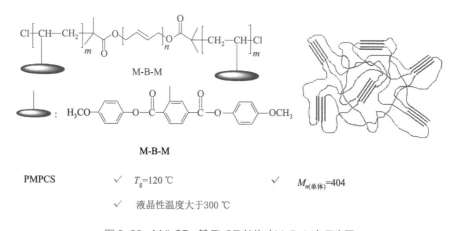

图 6-20　MJLCPs 基 TLCE 结构（M-B-M）示意图

　　利用开环易位 - 链转移聚合和原子转移自由基聚合相结合的方法，制备了硬段为 MJLCP 聚 [乙烯基对苯二甲酸二 (对甲氧基苯酚) 酯]（PMPCS）、软段为聚丁二烯（PB）的三嵌段共聚物（M-B-M）。所得聚合物均能形成层状微相分离结构，具有 TPE 性能。以硬段组分 55% 的 M-B-M-55 为例，无定形聚合物的橡胶平台温度区间为 40 ～ 135 ℃，300% 定伸强度为 6.7 MPa，拉伸强度为 10.4 MPa，断裂伸长率大于 700%。经 175℃热处理促使 PMPCS 液晶相形成后，聚合物储能模量从 5.5 MPa 提高到 9.9 MPa，橡胶平台温度区间扩展到 145 ℃。

　　基于 MJLCPs 的耐高温 TLCE 与 SBS 的 TLCE 相比较，MJLCPs 基刚 - 柔 - 刚三嵌段聚合物的多尺度自组装结构提升了 TLCE 的力学性能，M-B-M-55 的使用温度比 SBS 高 90 ℃，力学性能明显优于商品化的 SBS 性能。图 6-21 是 M-B-M 超分子组装凝聚态。图 6-22 是基于 MJLCPs 的 TLCE 耐高温性（M-B-M）。图 6-23 是基于 MJLCPs 的 TLCE 力学性能（M-B-M）。

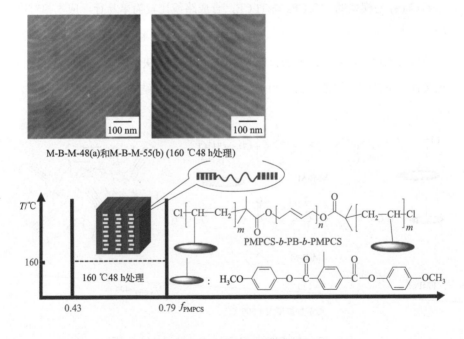

M-B-M-48(a)和M-B-M-55(b) (160 ℃48 h处理)

图 6-21　M-B-M 超分子组装凝聚态

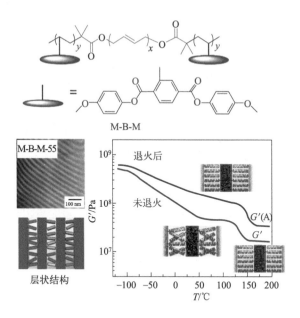

图 6-22 基于 MJLCPs 的 TLCE 耐高温性（M-B-M）

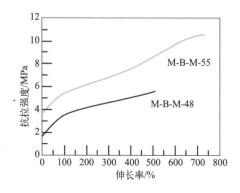

图 6-23 基于 MJLCPs 的 TLCE 力学性能（M-B-M）

案例 2：为减小三嵌段共聚物中 MJLCPs 的体积分数并进一步提高玻璃化转变温度，研究人员还设计、合成了侧链取代基较小的以聚乙烯基二联苯为主链的 MJLCPs 聚 [4′- 甲氧基 -2- 乙烯基二联苯 -4- 甲醚]（PMVBP）。研究结果表明，该聚合物的玻璃化转变温度在 200 ℃以上，分子量大于 5000

时即可在高温下形成六方柱状液晶相，且液晶性能在降温时保持。利用开环易位 - 链转移聚合和氮氧自由基聚合相结合的方法，制备了以 PMVBP 为硬段、PB 为软段的三嵌段共聚物（V-B-V），所得软段、硬段体积分数不同的一系列聚合物均能形成层状微相分离结构。V-B-V-41 和 V-B-V-57 橡胶平台温度区间分别为 60 ~ 200 ℃和 25 ~ 218 ℃，且 PMVBP 链段在 200℃以上能发育出液晶性，形成柱状液晶相，提供物理交联点。未热处理的 V-B-V-41 和 V-B-V-57 聚合物的 300% 定伸强度分别为 2.3 MPa 与 3.2 MPa，拉伸强度分别为 2.9 MPa 与 4.5 MPa，断裂伸长率分别约为 500% 与 700%。图 6-24 是 MJLCPs 基 TLCE 结构和液晶相图（V-B-V）示意图。图 6-25 是基于 MJLCPs 的耐高温 TLCE（V-B-V）。

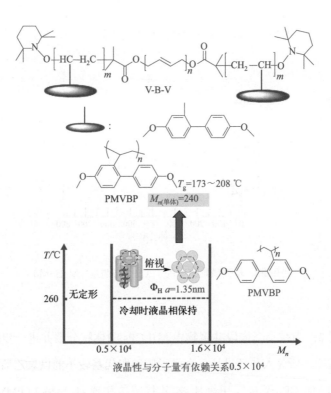

图 6-24　MJLCPs 基 TLCE 结构和液晶相图（V-B-V）示意图

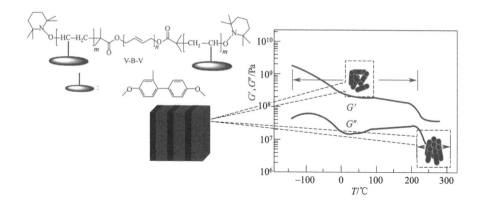

图 6-25　基于 MJLCPs 的耐高温 TLCE（V-B-V）

　　总之，研究人员通过对嵌段共聚物进行适当的分子结构设计，可以合成出许多新型高性能材料，而嵌段共聚物中的刚 - 柔 - 刚三嵌段共聚物在热塑性弹性体中有极其重要的应用。传统的 SBS 以及 SIS 型热塑性弹性体存在着使用温度范围较窄、高温性能较差、耐溶剂性能较差等缺点，严重限制了其应用范围。利用 MJLCPs 的特殊液晶相转变行为及液晶相在高温下的稳定性，可望获得耐高温的热塑性弹性体。在低温时因液晶链段处于各向同性态而不能形成物理交联，这类热塑性弹性体具有易加工的优势，高温时由于液晶相的物理交联作用，材料具有很好的力学性能。设计并合成的 ABA 型液晶三嵌段共聚物，其中 A 链段为侧基二联苯液晶高分子，其在较小的分子量下就能表现出液晶性，且具有较高的玻璃化转变温度，通过可控聚合方法可制备 V-B-V 液晶三嵌段共聚物。开环易位聚合与可控自由基活性聚合相结合，三嵌段共聚合成工艺简单。

6.4　固态聚合物电解质

　　随着科技发展，全球性能源短缺、气候变暖和环境污染等问题也日益严重，推动能源革命，发展清洁能源，对建设资源节约和环境友好型社会至关重要。随着能源危机与环境保护的双重压力，锂离子电池应用市场规模得到了迅猛扩张。锂离子电池具有工作电压高、比能量大、无记忆效应、循环寿命长、自放电率低等优点，是各类电子产品的理想电源，也是电动汽车的理想轻型高能动力源。目前商业化锂离子电池存在着隔膜对电解液亲和性差，以及液态电解液泄漏爆炸等安全隐患。锂离子电池中液体电解液受热易膨胀，造成电解液泄漏，高温时电解液还可能燃烧。目前锂离子电池中电解质与隔膜存在的主要问题是离子电导率偏低，存在发生火灾事故的隐患。

锂电池发生起火爆燃的原因主要是过充、短路、受热等因素，主要原因是电解质 T_g 低（容易造成短路），电解质稳定性差，易形变（膨胀）。虽然电池内有电压检测保护电路装置，但实际应用时因设计、管理、工艺等多种原因都可能导致保护装置失效，电池会继续充电。目前提升电池安全性能的主要措施是：①电解液中添加阻燃剂；②优化电池热管理系统；③采用高强度、耐高温电池隔膜。目前的隔膜材料无法从本质上杜绝短路发生，治标不治本。

相比之下，在安全性上固态电解质更具优势。固态电解质可以直接避免电解液漏液的问题，同时具有一定的机械强度，可以抑制电极表面锂枝晶的生长，有效隔离正负电极。固态电解质根据其组成，一般可分为聚合物电解质、无机陶瓷电解质以及复合电解质。其中聚合物电解质具有安全、柔性、成膜性好、易加工等优点，被科学界和产业界的广泛研究，是最具发展前景的电解质类型。在此基础之上，发展兼具优异电化学性能与安全性的固态锂离子电池已成为可能。已有的各种有机、无机固态电解质，存在各自的不足，如陶瓷电解质具有一定的机械强度和较高的离子迁移数，但较大的固-固界面阻碍了离子传输。目前，已有多家制造企业、初创公司、高校科研院所致力于固态电解质技术，固态电解质电池尚未实现大规模商业化应用。欧美企业偏好于氧化物与聚合物体系，日韩企业更多致力于硫化物体系。

固态聚合物电解质由盐和聚合物两部分组成，可近似看作在聚合物中添加电解质盐后形成的固态溶液体系。聚合物电解质可实现隔膜与电解质一体化，可以避免液体电解质的缺陷。聚合物电解质可塑性强，便于电池形状设计及装配。图 6-26 是固态聚合物电解质主要类型。

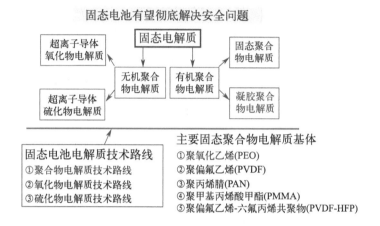

图 6-26　固态聚合物电解质主要类型

嵌段共聚物电解质具有结构可控的优点，并且其自组装形成的微相分离结构可作为离子的传输通道，因此受到了科学界的广泛关注。AB 二嵌段和 ABA 三嵌段共聚物电解质是最常见的类型。其中，B 嵌段负责进行离子传导，一般为 PEO（聚氧乙烯）嵌段；A 嵌段提供功能性，如力学性能，可以是聚苯乙烯（PS）或聚甲基丙烯酸甲酯（PMMA）等。由于 PS 具有很好的稳定性和机械强度，并且成本低廉，因此基于 PS 与 PEO 嵌段共聚物的电解质研究尤为深入。

液晶聚合物具有可裁剪性，可按膜材料的性能要求进行自由的分子结构设计、合成和功能化，可以对不同分子结构的设计和控制进行精确的调控。如采用液晶聚合物作为锂电池的固态电解质。液晶聚合物固态电解质具有聚合物结构有序性、聚合物电解质高的 T_g，液晶性聚合物使用温度范围宽，可以制备三明治结构，如嵌段聚合物组装体的固态电解质，有利于提高锂离子电池循环稳定性和倍率性能。

PEO 聚合物电解质体系已经有了不少实质性的进展。PEO 衍生物体系是将 PEO 或含 PEO 结构单元的基团与其他聚合物进行共聚、接枝、交联、超支化等，改变 PEO 链的排列次序或形成枝化结构。PEO 是最早研究、使用最广泛的聚合物基体，与锂盐复合后，Li^+ 可以和 PEO 无定形区域的 O 原子进行络合和解离，并通过聚合物的链段运动实现 Li^+ 的传导。在室温下，由于 PEO 结晶性较强，链段运动能力弱，导致聚合物电解质的离子电导率在室温时较低，限制了其在锂离子电池中的应用。抑制 PEO 的结晶，使其在室温下保持无定形态，可以提高聚合物电解质的离子电导率。但是，当 PEO 处于无定形态时，其力学性能又较差，很难在实际中得到应用。在锂离子电池中，使用最多的嵌段共聚物是聚苯乙烯 -b-PEO 嵌段共聚物。嵌段共聚物是将两种化学性质不同的聚合物通过共价键连接在一起而形成的，由于两种聚合物之间的不相容性，可以发生微相分离形成多种不同的有序组装结构。因此，PEO 与 PS 等具有高玻璃化转变温度的聚合物形成嵌段共聚物并与锂盐复合后，可以发生微相分离，其中一相是可以传导离子的 PEO/ 锂盐畴区，另一相则是可以提供机械强度的绝缘畴区，从而可以使聚合物电解质的电导率和力学性能解耦，进行同步优化。

Li^+ 在 PEO 的传导主要依赖于聚合物链段的局部运动，随着盐浓度的升高，溶剂化离子的数量也会增加，从而提高离子电导率。但是，过高的盐浓度也会导致 PEO 和锂盐形成晶相复合物，降低离子电导率。此外，对于嵌段共聚物而言，由于存在微相分离结构，两相界面处和 PEO 相中心区域的链段运动能力具有显著差异，与 PEO 相的中心区域相比，两相界面处的链段运动会更慢。研究表明，通过增大嵌段共聚物的相分离强度可以使得聚合物链进一步伸展，减小界面宽度，从而降低界面处的离子浓度，促进离子传导，提高离子电导率。

用作离子导体的嵌段共聚物通常含有两个功能不同的组分：其中一个组

分具有比较高的 T_g，这个组分的主要作用是给离子导体提供机械强度和热稳定性，这种组分集中的畴区可以称为固定相；另一个组分则是一些 T_g 较低的能够进行锂离子传导的聚合物，如 PEO，这个组分的功能是提供离子传导能力，这种组分集中的畴区可以称为传导相。因此，在具有微相分离结构的嵌段共聚物中，离子传导和机械支撑的功能被分离开来，在设计聚合物结构时不需要再去考虑力学性能和离子电导率之间的矛盾。在嵌段共聚物离子导体的研究中，人们通常认为其离子电导率可以用下式表示：

$$\sigma(T) = f_{\text{ideal}}\,\varphi_c\,\sigma_c(T)$$

式中，$\sigma(T)$ 指的是温度为 T 时嵌段共聚物的离子电导率；φ_c 指的是传导相的体积分数（例如在 PEO 嵌段共聚物中则指的是 PEO 的体积分数）；$\sigma_c(T)$ 指的是温度为 T 时传导相的本征离子电导率（例如在 PEO 嵌段共聚物中则指的是 PEO 的离子电导率）；f_{ideal} 称为形状因子，它代表的是嵌段共聚物中当传导相为分散相时几何结构和连通性对离子电导率的贡献。

具体而言，在不考虑其他因素的影响时，当微相分离形成的是以传导相为分散相的球状相结构时，形状因子的理论值为 0，因为在这种结构中不存在有效的离子传输通道；当嵌段共聚物形成以传导相为分散相的柱状相结构时，形状因子的理论值为 1/3，因为在这种结构中三个方向里只有沿着柱子的方向才能够进行传导；当嵌段共聚物形成层状相结构时，形状因子的理论值为 2/3，因为在这种结构中三个方向里只有沿着层的两个方向才能够进行传导；当嵌段共聚物形成双连续相的相结构时，形状因子的理论值为 1，因为在这种结构中离子可以沿着任意方向进行传导。以上所提到的组装结构与形状因子的关系都是在传导相体积分数小于非传导相时适用，而对于传导相体积分数大于非传导相时，其通常形成的是以传导相为连续相的结构，在这种情况下，离子可以沿着离子导体的任意方向进行传导，因此其形状因子的理论值为 1。但是，以具有较低 T_g 的传导相为连续相的离子导体通常室温力学性能较差，因此较少受到人们的关注。因此，通过结构调控，选择合适的刚性硬段为分散相，可以提高离子传导的效率。嵌段聚合物凝聚态结构与膜内离子电导率关系如图 6-27 所示。

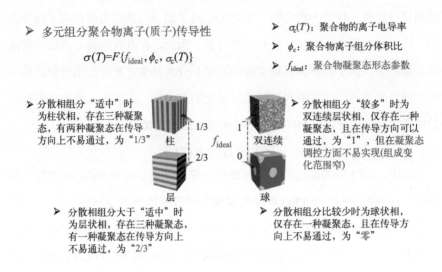

图 6-27　聚合物链超分子有序结构与膜内离子电导率关系

在聚苯乙烯 -*b*-PEO 嵌段共聚物中，聚苯乙烯玻璃转化转变温度为 80 ~ 100 ℃，当温度升高到 110 ℃以上，复合体系软化，失去机械强度和支撑作用，锂电池内容易发生短路、膨胀，是锂电池发生火灾、爆炸的主要原因。柔 - 柔嵌段共聚物高温下不够稳定，是其固态电解质组成结构的内因。同时，聚苯乙烯 -*b*-PEO 嵌段共聚物中 PEO 室温下具有结晶性，充放电过程中锂电池内部存在热变化，导致温度变化，室温时 PEO 结晶，锂枝晶的生长容易刺破隔膜，造成安全隐患。再者，聚苯乙烯 -*b*-PEO 嵌段共聚物中 PEO 偏少，聚合物膜离子电导率偏低。另外，固体电解质与电极间的界面阻抗较大，电解质和正负极是固固接触，避免正负极接触产生短路，锂离子在界面之间传输阻力大。因此，设计嵌段共聚物的分子结构，形成有效的组装结构、调控离子的传导过程，是提高聚合物电解质电导率的关键。

对于线型 PEO 而言，高分子量的 PEO 形成的离子导体容易结晶，而低分子量的 PEO 机械强度低，即便是具有较高分子量的刷状 PEO 形成的离子导体也是难以结晶的，因此含 PEO 聚合物刷的研究近年来受到了很多关注。在含 PEO 聚合物刷中，其主链结构、侧链的低聚氧化乙烯链长度和接枝密度等都会影响最终离子导体的离子电导率和力学性能。

固态聚合物电解质在锂电池中既是隔膜又是电解质，在锂电池中起着传递离子的作用，膜内传输通道对膜离子传导性能有重要影响。构筑有序结构离子传输通道，能获得离子电导率高、热稳定性和化学稳定性好的聚合物电解质膜。离子电导率是决定锂离子电池电化学性能的关键因素之一，一般来说，要求室温下固态聚合物电解质的离子电导率高于 10^{-4} S/cm，才能保证电池具有正常的充放电行为。

液晶可以通过自组装形成向列相、近晶相、双连续立方相等稳定的相态，通过合理的分子设计，同样可以传导离子。液晶形成的稳定组装结构，有利于高效地进行离子传导并使电解质保持良好的机械稳定性。如果将液晶分子引入嵌段共聚物中形成液晶嵌段共聚物，由于微相分离和液晶相互作用，可以形成多级有序的组装结构。与无定形态的绝缘畴区相比，具有液晶有序结构的绝缘畴区可以进一步增强对 PEO 的限域作用，从而增强离子传导能力。因此，利用液晶相互作用，使嵌段共聚物形成多级有序的组装结构，可以有效提高聚合物电解质的离子传导能力。MJLCPs 易于可控聚合，具有良好的结构可调控性和明显的性能优越性。固态聚合物电解质面临问题与解决方法如图 6-28 所示。

通常而言，线型 PEO 力学性能较差，交联是一种提升聚合物力学性能最常用的方法，同时，交联形成的网络结构还能固定线型 PEO 的无定形态从而抑制结晶。聚合物交联的方法多种多样，可以通过化学方法引入一些交联位点进行化学交联，也可以通过引入物理交联点进行物理交联。化学交联得到的聚合物结构比较清晰，实验条件容易控制，并且在交联过程中可以带来一些其他功能和性质。按照交联使用的化学键分类，交联型 PEO 离子导体可以分为共价交联离子导体和动态交联离子导体。

固态聚合物电解质面临问题与解决方法

☐ 存在问题   ☐ 解决方法

①锂枝晶生长   ①特定结构嵌段共聚物

②室温离子电导率低   ②PEO连续相、特定物质

③窄的温域，高温性差 ③甲壳型液晶高分子-分散相

④膜力学性能低   ④特定结构物理交联

⑤固-固界面   ⑤添加特定物质

图 6-28   固态聚合物电解质面临问题与解决方法

双甲壳型聚合物结构可以构筑刚性侧链液晶聚合物刷的固态电解质。刚性侧链液晶聚合物刷可以由交替共聚物/嵌段共聚物制备，双甲壳型聚合物提高了聚合物的微相分离能力。通过引入液晶基元，在聚合物中增加不同侧链间 χ 值，从而影响嵌段聚合物微相分离及形成多尺寸的多级有序结构。在调控液晶聚合物刷的固态电解质凝聚态结构时，无机锂盐与嵌段聚合物络合，χ 值过大，各嵌段之间表面能差异太大，难以得到大范围的有序结构。图 6-29 是 MJLCPs 主要特性示意图。

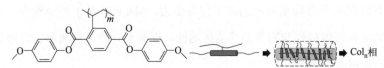

- T_g=115 ℃
- 聚合物分子链超分子组装：柱状相(六方、四方)--侧链间π-π作用，物理交联点
- 聚合物分子量大于1.5万形成液晶相态保持到300 ℃以上
- ☐ PMPCS与PEO组成共聚物电解质
- 侧链间π-π作用、高 T_g 和 T_c：较高使用温度
- 聚合结构稳定

图 6-29   MJLCPs 主要特性示意图

　　制备双亲性聚合物刷（可控 A/B 组成），形成离子通道的有序纳米结构聚合物膜，A 组分采用 MJLCPs（高 T_g，调控膜的使用温度范围），采用大分子单体 ROM 方法，聚合物组成、结构可控且明确，可构建双亲性交替 /嵌段共聚物刷。研究人员用双亲性聚合物刷构筑超分子有序结构聚合物固态聚电解质膜，研究聚合物结构 - 凝聚态调控 - 功能之间的关系。嵌段（交替）共聚高分子刷中刚性聚合物有序结构为规整、连续的"高速公路"（离子通道）提供了可能。有序结构膜具有良好的电子、离子等多相物质传输通道，能够大大提升电池的发电性能和延长电池寿命，MJLCPs 提供高 T_g 骨架，稳定膜的结构与力学性能，PEO 链提供离子传导性。图 6-30 是聚合物刷固态电解质研究思路。

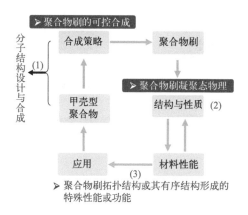

图 6-30　聚合物刷固态电解质研究思路

6.4.1　PEO 分散相嵌段共聚物

　　如果将 MJLCPs 引入二 / 三元共组装体系中，可以调控得到丰富的相态，从而可以揭示液晶嵌段共聚物体系中液晶相互作用 - 微相分离结构 - 离子传导特性之间的构效关系。因此，研究人员首先提出设计合成液晶嵌段共聚物，利用液晶嵌段共聚物和锂盐复合进行本体共组装，通过调控分子量和锂盐浓度，对其相行为进行研究。然后，利用液晶嵌段共聚物和两种均聚物以及锂盐复合，改变共混比例，进一步调控该共组装体系的结构。研究人员通过对液晶相行为和微相分离结构进行研究，可阐明液晶相互作用和微相分离之间的竞争/协同规律，是发展调控液晶嵌段共聚物电解质多级组装结构的有效方法。另外，需要研究不同体系的嵌段共聚物电解质的离子电导率和离子扩散行为，阐明其离子传导特性，揭示锂盐浓度、分子量、多级组装结构对聚合物电解质离子传导能力的影响，发现液晶嵌段共聚物电解质离子传导性能的优化规律。

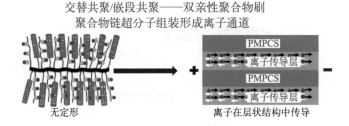

图 6-31　双亲性聚合物刷模型示意图

图 6-31 是双亲性聚合物刷模型示意图。例如，研究人员分别设计合成了端基为马来酰胺的 PMPCS 大分子单体（MI-PMPCS）和端基为苯乙烯的聚乙二醇大分子单体（St-PEO），使用类似的交替共聚方法得到了交替共聚聚合物刷，利用 PMPCS 高 T_g（约 120 ℃）、液晶区温度大于 300 ℃特点，提高了膜的机械强度；利用液晶的有序性，提高了聚合物相分离作用参数。PMPCS 在交替共聚聚合物刷中 50% 接枝密度时仍具有液晶性，聚合物分子链形成了超分子组装的层状结构。图 6-32 是交替共聚聚合物刷结构设计。

在双亲性聚合物刷中掺入锂盐，增加了 PEO 和 PMPCS 的相互作用参数，

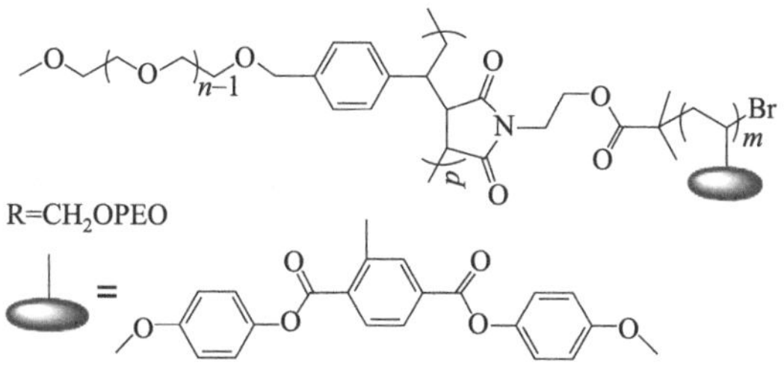

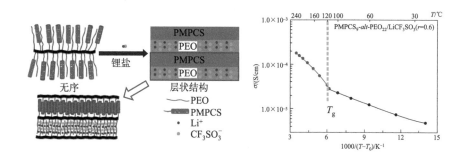

R=CH₂OPEO

图 6-32　交替共聚聚合物刷结构设计

诱导其发生微相分离，提高掺杂比例和 PEO 的含量能够提高离子电导率（σ），引入刚性链段 PMPCS 和聚合物刷的结构能提高聚合物膜的稳定性。双亲性聚合物刷膜 120 ℃时离子电导率 σ 为 3.32×10^{-5} S/cm，240 ℃时为 1.79×10^{-4} S/cm。图 6-33 是交替共聚聚合物刷凝聚态结构与离子电导率关系。

图 6-33　交替共聚聚合物刷凝聚态结构与离子电导率关系

此结构的双亲性聚合物刷膜存在的问题是离子电导率 σ 不太高，原因之一是 PEO 含量较低（质量分数为 24%）。解决方法是制备侧链为 PMPCS 的嵌段共聚物刷，提高 PEO 含量，从而提高离子电导率 σ。研究人员设计合成了 PEO 和 MJLCPs 组成的嵌段共聚物，如双亲性嵌段聚物刷，是由末端含降冰片烯的 PMPCS 大分子单体和末端含降冰片烯的 PEO 大分子单体，通过串联 ROMP 合成方法，制备基于聚降冰片烯（PNb）主链的嵌段共聚物刷 *gPMPCS-b-gPEO*。利用其与锂盐进行复合，调控嵌段共聚物的分子量和锂盐浓度，通过热退火促进结构的形成。系统研究在锂盐复合前后液晶嵌段共聚物相行为的变化规律，阐明锂盐复合和液晶相互作用在嵌段共聚物微相分离中的作用。图 6-34 是嵌段共聚物刷结构设计。图 6-35 是嵌段共聚物刷室温至 240 ℃时都保持层状相结构。

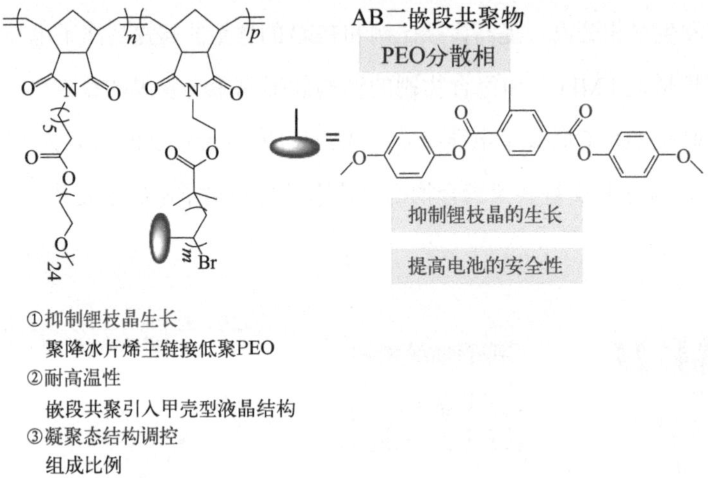

图 6-34　嵌段共聚物刷结构设计

图 6-36 为嵌段共聚物刷温度与离子电导率关系。由图知，此嵌段共聚物刷室温时离子电导率还需进一步提高，200 ℃时离子电导率 σ 为 1.58×10^{-3} S/cm，达到目前最高水平。双"甲壳效应"思想及双亲性嵌段共聚物刷的构筑方法与制备技术，简单、高效、多样化，可获得功能聚合物的精准有序排布，实现聚合物多级有序结构的可控调控。在双亲性嵌段共聚物刷的锂盐复合体系中，因刚性侧链可抑制锂枝晶生长，聚合物电解质在变温过程中不存在锂枝晶，对固态电解质和全固态锂离子电池、锂金属电池的研究具有重要意义，可望大大提

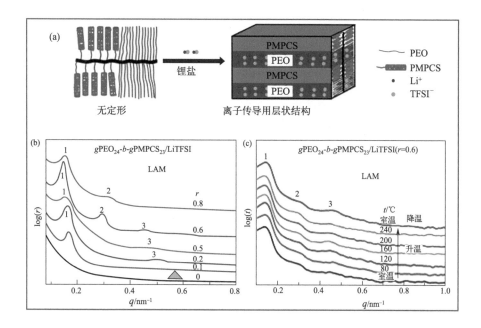

图 6-35 嵌段共聚物刷室温至 240 ℃时都保持层状相结构

r 为添加锂盐比例；t 为温度

高电池的安全性。同时，获得了在室温和高温具有较好电导率的聚合物电解质膜材料（30 ℃，2.66×10^{-5} S/cm；200 ℃，1.58×10^{-3} S/cm），有望解决锂离子电池的安全隐患等问题。

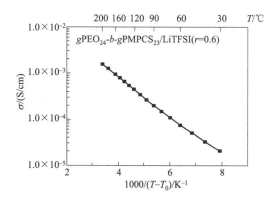

图 6-36 嵌段共聚物刷温度与离子电导率关系

　　嵌段共聚物离子导体的离子电导率与其微相分离形成的组装结构关系如图 6-37 所示。在先前的研究中，研究人员已经探索了含 MJLCPs 和 PEO 侧链的嵌段共聚物刷，然而受分子结构的影响，PEO 的体积分数难以达到 37.3% 以上，需要在分子结构设计方面进行嵌段共聚，来使 PEO 在嵌段共聚物中的体积分数提高至 70% 以上。

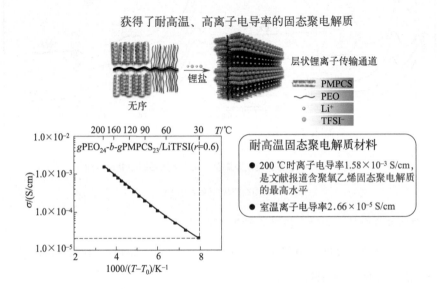

图 6-37　嵌段共聚物离子导体的离子电导率与其微相分离形成的组装结构

　　研究人员通过串联 ROMP 的聚合方法制备了一系列不同分子量和 PEO 体积分数的片 - 刷型嵌段共聚物，片状结构是一种 MJLCPs，刷状结构的侧链是 PEO，系统研究了嵌段共聚物离子导体的微相分离结构和取向结构的影响因素，以及膜的离子电导率随取向结构的变化。研究结果表明，掺入锂盐后，形成的嵌段共聚物发生微相分离。随着 PEO 体积分数的增加，嵌段共聚物微相分离结构会从以 MJLCPs 为连续相的六方柱状相转变为层状相，然后再转变为以 PEO 为连续相的六方柱状相。取向后的嵌段共聚物的离子电导率显著高于未取向的聚合物，两者的数值在室温时相差约 4 倍，并且取向后的聚合物在 200 ℃的离子电导率高达 2.19×10^{-3} S/cm。图 6-38 是片 - 刷型嵌段共聚物结构和超分子组装。图 6-39 是嵌段共聚物取向前后离子电导率比较。

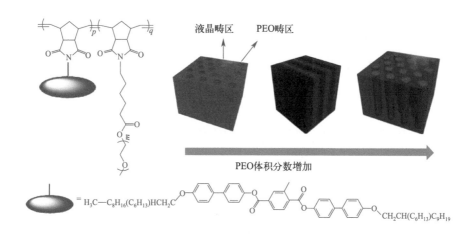

图 6-38　片 - 刷型嵌段共聚物结构和超分子组装

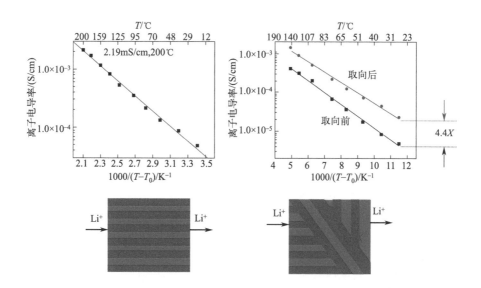

图 6-39　嵌段共聚物取向前后离子电导率比较

6.4.2 PEO 连续相嵌段共聚物

嵌段共聚物刷遇到的问题与挑战是室温离子电导率偏低。按嵌段共聚物结构与凝聚态关系，$\sigma(T) = f_{\text{ideal}}\varphi_c\sigma_c(T)$，提高嵌段共聚物刷室温离子电导率的方法是提高 PEO 的含量和 MJLCPs 在嵌段共聚物中由连续相变为分散相。

研究人员设计合成了二嵌段共聚物电解质，MJLCPs 在嵌段共聚物中为分散相、PEO 为连续相，如线型 - 聚合物刷嵌段共聚物结构，如图 6-40 所示。

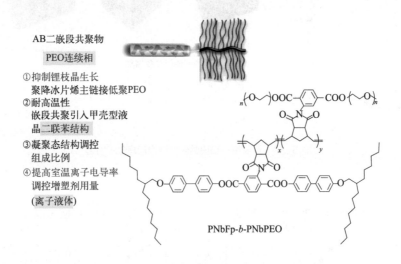

图 6-40　线型 - 聚合物刷嵌段共聚物结构组成

与前面的工作相比，本研究工作对聚合物的化学结构进行了优化，简化了合成路线，提高了聚合物电解质的性能。之前工作中合成的含 PMPCS 侧链的嵌段共聚物刷，合成较为复杂，大分子单体的聚合活性较差，并且结构刚性过强，影响聚合物电解质的成膜性。作为改进，主要对于刚性嵌段，将合成线型 MJLCPs 替代聚合物刷，并且 MJLCPs 具有叉链烷基尾链，因而在引入刚性结构的同时可以保证聚合物的成膜性。这样的结构设计，也使得目标聚合物的合成变得更加简单，单体通过简单的酯化反应即可得到，同时具有较高的聚合活性，能够得到分子量可控、分散度较窄的二嵌段共聚物。而对于聚合物凝聚态结构的调控，之前的研究只得到了层状相的微相分离结构，锂离子能够从两个轴向进行传导。但是理论上，以 PEO 相为连续相的六方柱状相结构，锂离子能够从全部三个轴向进行传导，更有利于体系离子电导率的提高。因此，本部分研究在保证体系稳定的前提下，能调节各嵌段所占比例，得到以 PEO 相为连续相的六方柱状相结构。

图 6-41 是线型 - 聚合物刷嵌段共聚物电解质 DSC 图。DSC 实验证实，PEO 在嵌段共聚物中结晶性被抑制，能够观察到液晶 - 各向同性转变峰。线型 - 聚合物刷嵌段共聚物电解质自组装形成六方柱状相结构，刚性部分为分散相，PEO 部分为连续相，在宽温域（−25 ～ 200 ℃）内具有高离子电导率和良好的稳定性，−25 ℃离子电导率为 1.0×10^{-4} S/cm，室温离子电导率为 8.0×10^{-4} S/cm，200 ℃离子电导率最高为 6.4×10^{-3} S/cm。对所得聚合物电解质进行流变性质测试，在直到 200 ℃的宽温域内，其 G' 均大于 G''，说明在该温度范围内复合物具有良好的热稳定性。图 6-42 是线型 - 聚合物刷嵌段共聚物电解质温度与离子导电性关系。图 6-43 是线型 - 聚合物刷嵌段共聚物超分子组装、电导率及流变特性图。

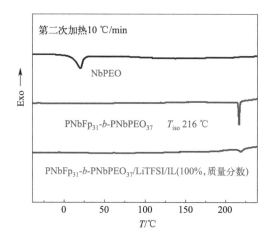

图 6-41　线型 – 聚合物刷嵌段共聚物电解质 DSC 图

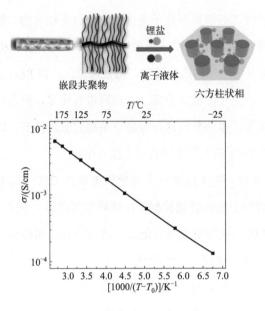

图 6-42　线型－聚合物刷嵌段共聚物电解质温度与离子导电性关系

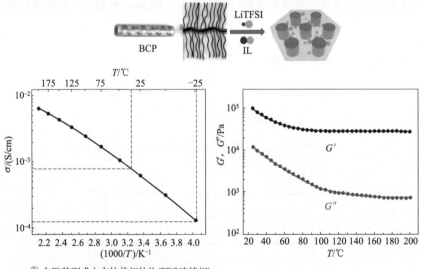

① 自组装形成六方柱状相结构(PEO连续相)
② 宽温域内具有稳定性及高离子电导率
③ -25 ℃离子电导率1×10^{-4} S/cm
④ 室温离子电导率8×10^{-4} S/cm

图 6-43　线型－聚合物刷嵌段共聚物超分子组装、电导率及流变特性图

在此研究基础上，研究人员进一步设计合成了三嵌段共聚物。对于 ABA 三嵌段共聚物，具有刚性结构的 A 嵌段之间会发生聚集，即进行物理交联，可以作为改善体系力学性能的策略。研究人员从构建液晶嵌段共聚物三元组装体系出发，设计合成了 ABA 三嵌段共聚物电解质，MJLCPs 在嵌段共聚物中为分散相、PEO 为连续相，如图 6-44 所示。开展了凝聚态结构的研究，将液晶嵌段共聚物与锂盐复合，通过改变组成比例、锂盐浓度、分子量，调控不同组装体系的液晶相行为和微相分离结构，研究了在锂盐复合后，液晶嵌段共聚物三元组装体系的凝聚态结构变化，调控液晶嵌段共聚物电解质的多级组装结构。通过调控聚合物电解质的离子传导能力，研究结构与性质的关系。研究了不同嵌段共聚物电解质的离子电导率，分析了凝聚态结构转变时离子传导特性的改变，探讨了不同组装体系的离子传导能力，通过调控组装结构来优化聚合物电解质的离子传导能力，实现了通过液晶相行为和微相分离结构调控离子传导性能。

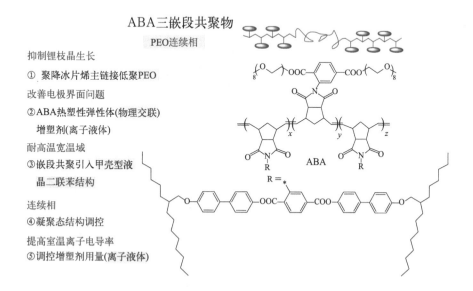

图 6-44　ABA 三嵌段共聚物电解质结构组成

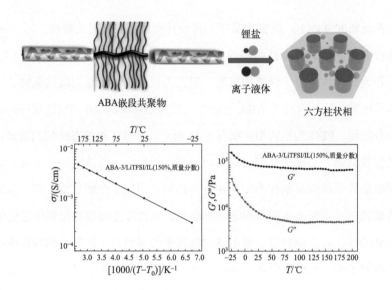

图6-45 ABA三嵌段共聚物电解质温度与离子导电性关系

ABA三嵌段共聚物电解质的拉伸性能如图6-45所示。从图中可以看出，该体系复合物在拉伸方面没有表现出突出的性能，断裂伸长率仅为20%左右，这可能是由于聚降冰片烯为半刚性主链，难以伸展。另外，由于掺杂了较大量的离子液体，复合物的拉伸强度在2 MPa左右，在电池制备及使用过程中能够保持力学性能稳定，但无法承受过大的应力（电池需要进行严密的封装，内部组件相互固定，对聚合物电解质膜的拉伸性能并没有很高的要求）。图6-46是ABA-3/LiTFSI/IL复合物的拉伸性能。

为了避免锂离子电池在工作过程中发生爆炸事故，所使用的电解质应具有阻燃性质，对于高温锂离子电池这点尤为重要。之前的研究结果表明，所得ABA三嵌段共聚物电解质在低温和高温下均具有出色的性能，在高温锂离子电池领域具有潜在的应用前景，因此需要进一步对其阻燃性进行测试。将ABA-3/LiTFSI/IL（150%，质量分数）电解质膜，尝试用明火点燃，测试结果如图6-47所示。其中，图（a）为与明火接触之前聚合物电解质膜的表观性质；

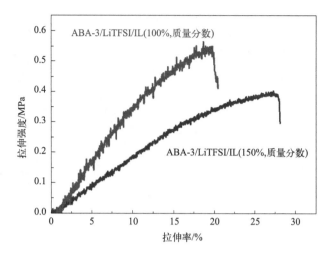

图 6-46　ABA-3/LiTFSI/IL 复合物的拉伸性能

图（b）为接触明火时电解质膜的状态；图（c）为移开明火时电解质膜的状态；图（d）为移开明火后约 2s，火焰自行熄灭。以上实验结果表明，所得 ABA 三嵌段共聚物电解质具有良好的阻燃性质，遇明火也不会发生燃烧或者爆炸。这主要得益于掺杂的离子液体具有不可燃的性质。

　　本部分研究工作是，研究人员设计合成了 ABA 三嵌段共聚物电解质，自组装形成六方柱状相结构，刚性部分为分散相，PEO 部分为连续相，在宽温域内离子通道能够保持，离子电导率室温时 1×10^{-3} S/cm，-25 ℃时 4×10^{-4} S/cm，200 ℃时 4×10^{-3} S/cm，拓宽了聚合物电解质的使用温度，提高了安全性。技术上突破了固态电池离子电导率过低的瓶颈及界面接触难题，安全性方面显著优于现有液态锂电池。图 6-48 是 ABA 三嵌段共聚物电解质特性关系图。

　　总之，研究人员利用双甲壳效应，设计合成了特定结构的聚合物刷，通过聚合物凝聚态结构调控，实现了锂离子传输的高速通道，成功制备了高离子传导性、高强度、低成本的聚合物固态电解质，打破了聚合物电解质锂离子传输依赖于分散链段运动的局限。该成果的主要内容为：设计了一种刚性

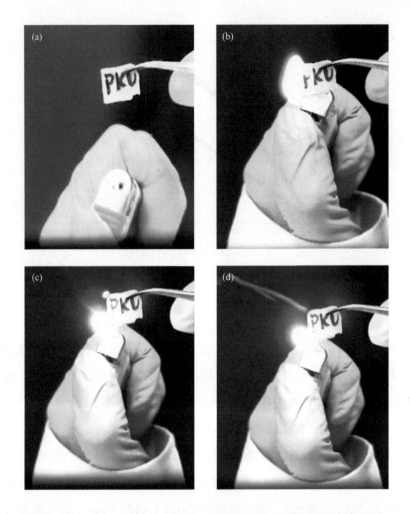

图 6-47　ABA-3/LiTFSI/IL（150%，质量分数）电解质膜的阻燃性质示意图

液晶聚合物为分散相、PEO 为连续相的三嵌段聚合物刷固态电解质，解决了固态聚合物电解质与电极之间的界面接触问题，并提高了安全性。离子液体作为离子传导添加剂，可以显著提高室温离子传导性。该电解质在高温下具有优异的力学性能、室温高锂离子电导率和高的玻璃化转变温度。独特的组成特性使固体电解质中离子液体能够像液体一样渗透到电极表面，从而为正极提供完整的离子传导路径。其固体聚合物电解质，温域宽：-25～200 ℃，

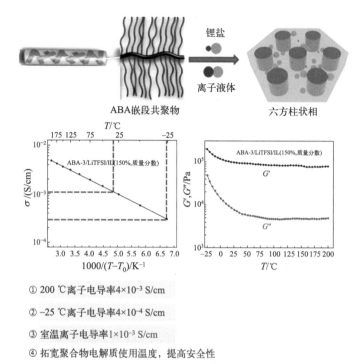

图 6-48　ABA 三嵌段共聚物电解质特性关系图

−25 ℃离子电导率 $4×10^{-4}$ S/cm，室温下离子电导率能够达到 $1×10^{-3}$ S/cm，200 ℃离子电导率达 $4×10^{-3}$ S/cm，固态聚合物膜使用过程中无枝晶和微小的裂纹存在，结构稳定，因此具备作为理想固体电解质广泛应用于固态锂电池的潜力。该研究成果解决了聚合物电解质室温离子电导率低和电极 / 电解质界面接触差的问题，且不易燃烧，安全性好，耐高温，结构简单，克服了该领域的一些关键难点，为设计其他先进固态锂电池提供了参考，是下一代固态聚合物电解质的有力竞争者，为固态电池商业化提供了一条可行的道路。图 6-49 是聚合物电解质研究进展示意图。

　　通过锂盐与 MJLCPs 嵌段共聚物复合得到的聚合物电解质，可以在保持其力学性能的前提下，对离子电导率进行有效调控。MJLCPs 液晶分子形成

图 6-49　聚合物电解质研究进展示意图

的稳定组装结构，可以提供更强的限域作用，抑制 PEO 结晶，有利于高效地进行离子传导。将 MJLCPs 引入嵌段共聚物中形成液晶嵌段共聚物，可以将液晶分子的限域作用和嵌段共聚物的微相分离结构结合在一起，在有效传导离子的同时保持良好的力学稳定性。有效调控液晶嵌段共聚物电解质的多级组装结构，可以揭示液晶相互作用 - 微相分离结构 - 离子传导特性三者之间的关系。因此，通过 MJLCPs 为分散相、PEO 为连续相形成的液晶嵌段共聚物，可以很好地研究液晶的有序结构在嵌段共聚物电解质自组装及离子传导行为中所起的作用。利用该液晶嵌段共聚物与锂盐进行共组装，可以有效调控聚合物电解质的相行为，从而建立液晶相互作用 - 微相分离结构 - 离子传导特性之间的关系。

第 7 章

MJLCPs 展望

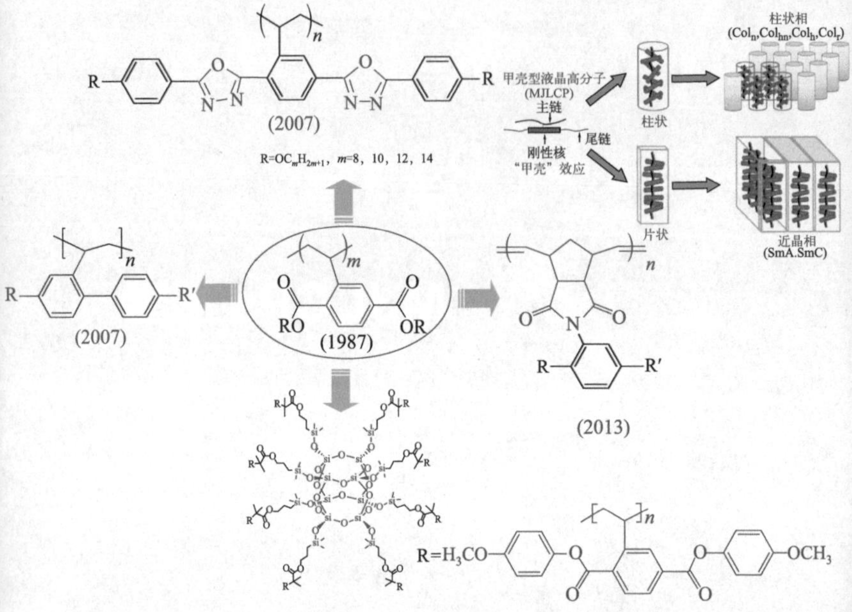

MJLCPs 发展过程中基础性研究主要创新性贡献

　　本书简要地介绍了 MJLCPs 最近二十余年的研究
成果，从一个侧面反映了我国学者在聚合物链超分子
组装体系研究方向的成就和贡献。由于 MJLCPs 可以
赋予超分子聚合物不同于传统液晶聚合物的特点和功
能，因此，基于 MJLCPs 分子链的超分子组装研究是
对聚合物科学一个重要的补充和发展。希望研究人员
进一步将基础研究与应用研究相结合，利用 MJLCPs
分子链超分子组装体系的研究成果推动高分子学科的
发展，满足高性能材料的更高需求。

7.1 MJLCPs 的过去与现在

本书简要地介绍了 MJLCPs 这一研究领域所取得的主要创新性研究进展，所选择内容是最近二十余年以来周其凤教授研究组在 MJLCPs 分子链超分子组装研究领域所取得的重要成就，未必能够代表所有主要研究成果。笔者只希望读者能够从中看到一个概貌，体会当代学者为推动我国基础研究和应用研究领域的进展所展现出来的坚强的拼搏意志和创新精神，以鼓舞年轻人敢于做继承、创新、发展的研究工作，勇攀科学高峰。

经过最近二十余年的发展，各种结构不同的 MJLCPs 被设计合成出来，已发展成了两类 MJLCPs，即聚苯乙烯主链 MJLCPs 体系和聚降冰片烯主链 MJLCPs 体系。不同类型的主链决定了不同的分子结构合成策略和聚合方式，可以根据不同的主链类型选择不同的聚合条件。对于聚苯乙烯主链 MJLCPs 和聚降冰片烯主链 MJLCPs 而言，重复单元的长度和横向尺寸不同，链刚性也不同，因此相同的侧基能产生的"甲壳"效应的强弱是不同的，会导致不同主链的 MJLCPs 呈现不同的相结构。

MJLCPs 概念的提出和发展为聚合物链超分子组装、新型高分子材料的设计提供了新的思路，成为高分子领域一个活跃的研究方向。一方面，MJLCPs 在结构上属侧链型液晶高分子，但在性质上更接近于主链型液晶高分子。研究具有不同结构的 MJLCPs 的性质，对阐明液晶高分子的分子结构具有重要意义。另一方面，利用侧链型液晶高分子可以进行活性聚合的特点，将 MJLCPs 引入嵌段共聚物合成及研究中，由于 MJLCPs 接近于主链型液晶高分子的性质，嵌段共聚物表现出复杂的本体相行为及新颖、独特的液晶行为和超分子组装结构。图 7-1 是 MJLCPs 体系发展简略示意图。

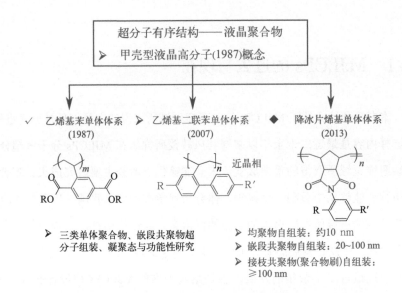

图 7-1　MJLCPs 体系发展简略示意图

　　将柔性及非极性链段引入 MJLCPs 的构筑单元为新有机材料的合成和应用开辟了一条新路。作为对现有液晶高分子理论的补充，除了液晶基元的体积因素外，液晶基元在聚合物中的组装方式也会直接影响液晶相态的出现和稳定性，而这种影响不光适用于液晶高分子的分子设计，也蕴含在其他材料的研究和开发中，为设计合成新的材料提供可能的途径。

　　共聚合不仅可以扩大单体的来源范围，丰富聚合物的种类，更是改善聚合物性能和用途的一个重要途径。通过不同单体的共聚合，调整分子内与分子间链段间的相互作用力，可以在很大范围内对聚合物的玻璃化转变温度、熔点、黏度、溶解性、加工性等进行调整。对于液晶共聚物，控制不同组分的含量，可以对聚合物的相结构及相转变进行有效的调控。将 MJLCPs 单体引入到共聚物中，不仅可以丰富液晶共聚物的种类，更重要的是可以深入了解 MJLCPs 的甲壳效应，研究液晶基元微观组装方式对液晶相态的影响。

除了分子结构上的变化和液晶性质的研究，利用 MJLCPs 的侧基和主链结构设计的多样性，MJLCPs 功能化研究与应用将是一个很有前途的发展方向。在功能性 MJLCPs 中，侧基的结构因素可以诱导主链及 MJLCPs 分子链的超分子组装。如果我们能够充分利用 MJLCPs 结构上的可调整性，掌握聚合物链超分子有序组装对聚合物薄膜性能的影响，必定可以大大拓宽薄膜光电高分子的研究领域，甚至达到对合成高分子的高级结构进行有效控制的目的。

在 MJLCPs 研究领域，完善、发展、创新单体体系（结构体系）是高分子化学方面的重要研究内容。图 7-2 是周其凤教授课题组的主要研究方向。

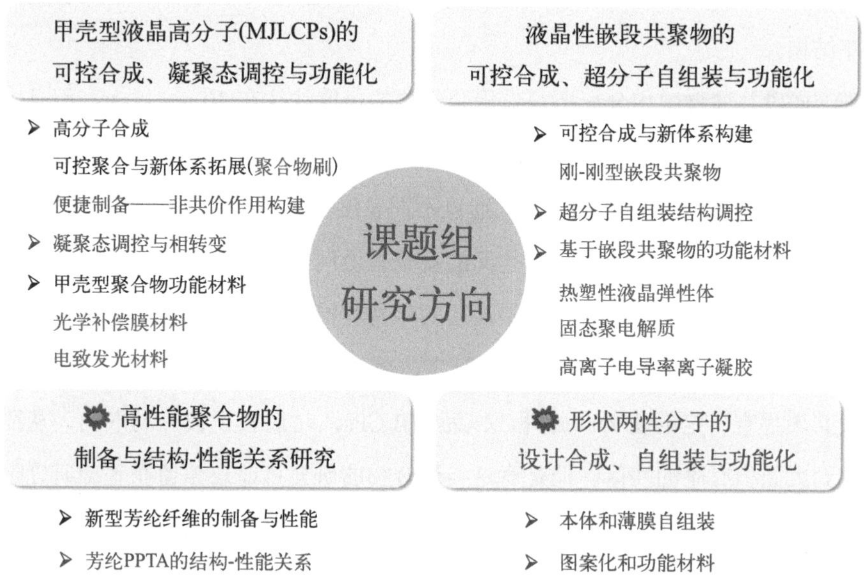

甲壳型液晶高分子(MJLCPs)的可控合成、凝聚态调控与功能化
- ➤ 高分子合成
  可控聚合与新体系拓展(聚合物刷)
  便捷制备——非共价作用构建
- ➤ 凝聚态调控与相转变
- ➤ 甲壳型聚合物功能材料
  光学补偿膜材料
  电致发光材料

液晶性嵌段共聚物的可控合成、超分子自组装与功能化
- ➤ 可控合成与新体系构建
  刚-刚型嵌段共聚物
- ➤ 超分子自组装结构调控
- ➤ 基于嵌段共聚物的功能材料
  热塑性液晶弹性体
  固态聚电解质
  高离子电导率离子凝胶

课题组研究方向

✿ 高性能聚合物的制备与结构-性能关系研究
- ➤ 新型芳纶纤维的制备与性能
- ➤ 芳纶PPTA的结构-性能关系

✿ 形状两性分子的设计合成、自组装与功能化
- ➤ 本体和薄膜自组装
- ➤ 图案化和功能材料

图 7-2　课题组主要研究方向

　　目前，我国在 MJLCPs 的合成、超分子自组装及应用基础研究方面，已经取得了大量的研究成果，在世界范围内产生了一定的影响，但仍然有很多问题亟待解决，还有更大的研究空间和待开发潜能。首先，现在的研究主要还是集中在化学结构设计、合成和凝聚态结构调控方面，所制备的功能性 MJLCPs 种类仍较少；其次，目前所制备的具有特定功能的 MJLCPs，在聚合物化学结构 - 凝聚态结构 - 功能之间的关联还不够明晰。

　　此外，侧基中刚性核的结构也是决定聚合物不同自组装结构的主要因素之一，因此可以选择不同的侧基结构以获得不同的自组装结构。侧基的结构对聚合物相态的影响体现在两个方面。一方面，侧基的整体形状和尺寸对较大尺度的液晶相结构的影响和在传统的 MJLCPs 中类似，侧基的尺寸较小、形状为锥形或近似三维结构时较容易形成柱状相，而侧基尺寸增大、侧基间平行排列倾向增强时则更易形成近晶相；另一方面，侧基中间隔基的长度是聚合物能否形成多级组装结构的关键，间隔基较短时纳米构筑单元趋向于只起到大体积单元的作用，间隔基较长时则容易形成多级有序结构。

　　嵌段共聚物微相分离所得自组装结构的尺度往往在 20 nm 以上，而且由于聚合物分散度的问题，其自组装结构的尺寸具有一定的分散度。将纳米构筑单元以共价或非共价的方式，通过不同长度的柔性间隔基连接到 MJLCPs 上，除了可以研究主链与侧基之间的竞争与协同作用外，也可以控制得到侧基有序度高的结构，以利于侧基性质的保持和提高。另外，这样的聚合物可以形成在亚十纳米和近 1 nm 尺度有序、单分散的多级组装结构，相比于嵌段共聚物有一定的优势。此外，作为 MJLCPs，它们易于被外场取向，从而得到大面积有序的畴区，但是对这类聚合物的研究目前还停留在基础研究阶段，应用研究还较少。图 7-3 是 MJLCPs 发展过程中应用性研究主要创新性成果。

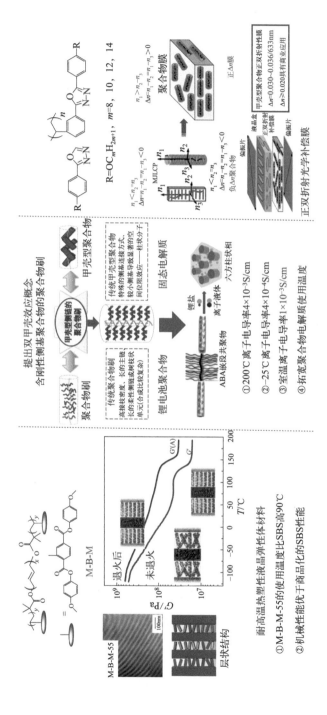

图 7-3 MJLCPs 发展过程中应用性研究主要创新性成果

7.2 MJLCPs 未来与展望

鉴于上述不足，未来研究需要利用 MJLCPs 独特的结构特性，不仅要以"分子工程学"思想为导向，进一步深入认识 MJLCPs 链分子间相互作用的协同效应与多级有序结构的自组装规律，建立合理的、精确的结构预测和调控方法，达到复杂超分子体系"可控合成"和"定向组装"的目标，更要结合功能材料的结构设计，研究功能性自组装体系的多方面应用，拓展其应用种类及应用范围，创造先进材料、智能材料等。另外，MJLCPs 可以通过多层次超分子自组装或模块化自组装构筑复杂的自组装结构，利用这一特点，把结构 - 性能关系研究、功能分子设计与合成、凝聚态结构调控、材料制备与应用融为一体，解决液晶高分子超分子组装体系中的分子结构与功能结构单元的关联、凝聚态结构与功能材料性能之间关系等关键科学问题，通过 MJLCPs 超分子自组装体系的可控组装实现其功能优化。另外，发展多重结构单元并存且具协同作用的 MJLCPs 分子链超分子自组装体系，拓展功能性纳米结构基元、有机 - 无机杂化体等构筑基元，发展构筑多组分 MJLCPs 分子链超分子自组装有序体系的新方法，发展多尺度、多功能 MJLCPs 分子链超分子自组装材料，如 MJLCPs 超分子自组装光电材料、基于 MJLCPs 超分子有序结构的功能薄膜材料、MJLCPs 多功能多重形状记忆材料、锂电池固态聚合物电解质等。

尽管 MJLCPs 分子链超分子组装体系研究取得了一系列重要成果，但它仍然还有许多重要的科学问题尚待解决。如：如何更简便、有效地实现 MJLCPs 分子链超分子组装高度有序、多层次和多级聚合物组装体系？如何实现 MJLCPs 分子链超分子组装体系的结构可预测性和精确性？如何实现构筑分子结构与特殊性质和功能的关联？如何将基础研究与应用研究相结合，利用 MJLCPs 分子链超分子组装的研究成果，针对性地解决其他学科难以解决的关键问题？

最后，MJLCPs 的研究要注重学科交叉，始终坚持创新与批判思维，坚持基础研究与应用研究并重、高分子化学与高分子物理并重，利用 MJLCPs 实现其他聚合物无法实现的功能和用途，体现 MJLCPs 研究的科学价值，把科研成果回归社会、造福人类，使 MJLCPs 的研究得到更加快速的发展。

设计合成新的 MJLCPs 体系，发现 MJLCPs 新的特性，始终是 MJLCPs 分子链超分子组装研究中非常重要的内容。这方面的研究进展也为我们从 MJLCPs 化学结构 - 凝聚态结构之间关系的研究拓展到 MJLCPs 化学结构 - 凝聚态结构 - 材料功能之间关系的研究奠定了理论基础。此外，高分子特别是复杂高分子体系的结构演化过程是高分子物理研究的基本科学问题之一，MJLCPs 作为一种合成可控的刚性 / 半刚性聚合物，可以为高分子物理学家提供模型体系。MJLCPs 分子链的超分子自组装方法的不断推陈出新，使得该类体系的组装变得更可设计、可预测和可控制，为推动高分子化学和物理的进一步耦合发展提供了得天独厚的平台。

7.3　科研工作战略与战术

战略一词最早是军事方面的概念，随着时间的推移与社会的发展，战略不仅仅局限在军事方面，已经被引用到各个领域，如子女的教育培养过程规划、个人人生规划、工作中自我发展与提升规划等方面，具有极其重要的意义。在子女的教育培养和个人人生规划中，战略是极其重要的。对子女的教育培养及年轻人的自我发展与提升等方面，在战略规划上常常表现为"有战无略"，忙于应付日常事务，对战略管理的认识不够，存在着很多误区。家长和年轻人没有战略，对子女的教育培养及年轻人的发展是很危险的，甚至可能会被社会淘汰。

什么是战略和战术？战略和战术之间是什么关系？战略是运用自身和周

围资源实现目标的全局性纲领规划。战术是运用自身和周围资源实现目标的局部性的规划和手段。战略是全局性的、纲领性的、长期的，战术是局部的、操作性的、相对短期的。战略与战术主要是全局与局部的关系，战略是总体谋划，战术是具体行动，战略是战术的灵魂，是战术运用的基础，战术的运用要体现既定的战略思想，是战略的深化和细化。战略统领战术，战术体现战略。MJLCPs 最近二十余年科研历程充分体现了战略和战术之间的关系。

战略的特征如下：

① 全局性：战略的全局性表现在空间上，大的如整个世界、一个国家等，小的如科研团队、个人的科研工作、MJLCPs 的研究，都可以是战略的全局。全局性还表现在时间上，贯穿于个人科研工作准备与实施的各个阶段和全过程。战略的领导者把注意力放在科研团队、MJLCPs 发展全局上面，胸怀全局，通观全局，把握全局，处理好全局中的各种关系，抓住主要矛盾，解决关键问题；同时注意了解局部，关心局部，特别是注意解决好对全局有决定意义的局部瓶颈问题。

② 方向性：任何战略都反映了科研团队、MJLCPs 研究的根本目标方向，体现它们的科研方向与途径、合适措施与解决问题的对策，是为其目的而服务的，具有鲜明的目标方向性。

③ 对抗性：科研工作本身具有残酷性，特别是基础研究，体现在研究成果的首创性，制定和实施战略都要针对特定同行的竞争性。通过对其各方面的情况进行分析判断，确定适当的科研团队、MJLCPs 战略目的，针对性地建设和使用好课题组的科研力量与对外部资源的整合，掌握科研工作的特点和规律，采取多种科研思路和方法，扬长避短，以组建预期的科研团队，获得预期的 MJLCPs 研究成果，是科研工作战略谋划的基本内容。

④ 预见性：预见性是科研工作谋划的前提，是研究工作决策的基础。要深入研究、全面分析、科学预测，根据科研工作客观规律制定、调整和实施科研团队、MJLCPs 研究的战略。

⑤ 谋略性：运用谋略，重在对科研团队、MJLCPs 研究全局的谋划。制定战略强调深谋远虑，尊重客观规律，多谋善断，以智谋取胜。

科研工作的战略远比技术重要。很多研究生、导师等都非常优秀、出色，但始终不能成为顶级科研高手，就是因为不重视战略。科研工作中每一个研究课题都有其战略，如科研团队、MJLCPs 研究中的每一个研究内容也有其战略，不同的规则、不同的时段有不同的战略，制定战略的前提是导师的战略分析。在科研团队、MJLCPs 研究中，外部环境存在机遇和竞争，内部条件存在优势和劣势。领导者讲究的是课题组内人员之间的配合，目标是团队利益最大化。课题组定位是根据课题组科研工作的相对强弱确定课题组在研究领域中的位置。定位关乎课题组科研团队科研工作的成败。MJLCPs 领域中每一个研究方向只能有一个首创性成果，如果不根据课题组的客观科研能力，每一个研究方向都将自己定位为首创性成果的竞争者，显然不切实际，制定战略就会出错。出错的后果是白白浪费了课题组宝贵的科研时间和资源。优秀的课题组领导者要的是 MJLCPs 研究领域的开创性工作和研究成果的首创性，而不是每一个方向都必须是首创性成果的竞争者。如 MJLCPs 超分子结构-近晶相 A、C 的首创发现，主链聚降冰片烯 MJLCPs 体系，耐高温锂电池固态聚合物电解质等。

作为课题组负责人，制定战略要考虑课题组内部科研资源配置和外部资源合理耦合，战略目标一要合理，二是制定后必须坚定不移地执行，实现科研团队利益最大化，个人服从团队。课题组科研工作的发展方向和进度的掌控建立在课题组成员科研能力组合和配合的基础之上，一个课题组发展得如何，往往就表现在课题组负责人掌控的能力上。课题组负责人在掌控过程中犯错误越少，距离取得科研成果就越近。但现实情况是，即使再努力，有时还是不能取得首创性科研成果，戏剧性的场面和结果总是层出不穷，也许这正是科研的魅力所在。

在课题组研究工作掌控的技能里，还包含科研工作的一定规律和定式。定式是科研工作的最高表现形式，是科研工作在长期发展过程中形成的具有固定性、规律性或者标志性的典型形式。科研工作的规则也处在不断发展、变化之中。如一个新成立的课题组，开局有两个选择：一是优势科研方向，所谓优势科研方向，是基于课题组成员教育背景和工作经历，能在短期内取得突破性研究成果的方向。优势科研方向能保证科研工作延续性，迅速取得科研成果，增强其实力，获得单位领导、同事及同行的认可，并对后续发展有较大的选择权。课题组成员需要明确岗位责任，各司其职，建立相互之间的信任关系，同时要顾全大局，形成整体实力。二是新的研究方向。这是个反其道的做法，从表面上看有些不合理，其实这是一个不错的选择，许多成功案例也证明其有相当的可行性。这个可行的道理在于，新的科研方向保存了课题组科研优势实力，随时可以转守为攻，而且优势在后，取得突破性大成果的概率增大。开展新的研究方向，先决条件至少包括两个：一是课题组有足够的科研实力保证，二是课题组在开展新的科研方向后能快速进入科研状态，能形成自己的科研优势和特色。如果新的研究方向在一定时间研究后仍然不能取得研究进展，在此过程中作为课题组负责人一定要冷静分析，发现问题的根源，找出解决问题的方法，换位思考，另辟蹊径，有时会在不经意间发生灵感。科研工作者必须有敏锐的洞察力才能见微知著，把握胜机。

科研工作是一个长期的过程，考验科研工作者的科研能力和韧性。课题组发展方向千头万绪，成员优劣之势也是瞬息万变。怎样把握科研走向，几乎是课题组负责人最难回答的问题。"贵在坚持"，话好说，事难做。作为课题组负责人虽然对课题组的发展有明确的目标，但也经常被周围环境诱惑，分散注意力。当今科技发展日新月异，要及时发现新技术、新原理，及时做出科研工作调整。科研工作中，变化几乎是家常便饭，要趁同行竞争对手的迟缓尽快作出改变，以扭转局面。科研工作者的嗅觉必须敏锐，当发现研究结果异常时，要及时思考、追根问底，对整个科研进程要有个准确的判断，要运用战略思维、辩证思维、创新思维，登高望远，高屋建瓴，洞察全局，掌握主动。科研人员素质就是对科技文献的阅读能力、对科研进展的判断能力、对课题组人员的组合能力、对科研项目性质的理解能力。课题组科研能力提升博大精深，如何处理局部与整体、个人与集体、创新与传承、短期与长期之间的辩证关系，彰显课题组负责人的科研能力乃至综合素质。

对于科研工作者而言，个人科研发展既无永恒的定律，也无一贯的法宝，既无现成的模式，也无固定的套路。科研工作者的境界就是国学大师王国维阐述的人生三境界："独上高楼，望尽天涯路"，此第一境界也；"衣带渐宽终不悔，为伊消得人憔悴"，此第二境界也；"众里寻他千百度，蓦然回首，那人却在，灯火阑珊处"，此最高境界也。

科研工作者必须具备的素质有：①科研工作者作为课题组成员必须具备纪律性、忠诚度、执行力，牢固树立大局意识、协作意识、纪律意识。②科研工作有其内在规律、技术要领，是智慧的比拼、谋略的较量、思维的碰撞、才华的检验，需要有"悟性"。③科研工作中，研究人员要有韧性，要锲而不舍，勇往直前，磨砖成镜，滴水穿石。科研工作者需要有果敢的勇气、决断的气魄、决胜的信念、坚定的毅力，这样才能生于忧患、死地后存。④科研工作者需要有"理性"，体现在冷静的态度、严谨的作风、科学的精神、辩证的方法、头脑清醒、冷静处置、临危不乱、沉着化解，这是一名优秀科研工作者的必备素质。要用冷静态度预判科研走向，用严谨作风思考战术，用科学精神突破瓶颈，用辩证方法破解难题。在科研工作中敢为人先，就要拿出攀高比强的勇气，与时俱进不停步；就要弘扬锲而不舍的精神，咬定目标不放松；就要焕发干事创业的豪气，不达目的不罢休。

参考文献

［1］Liu D，Yang W L，Liu Y，Yang S C，Shen Z，Fan X H，Yang H，Zhou Q F. Enhancing Ionic Conductivity in Tablet-Bottlebrush Block Copolymer Electrolytes with Well-Aligned Nanostructures via Solvent Vapor Annealing. J Mater Chem C，2022，10：4247-4256.

［2］Liu D，Wu F，Shen Z，Fan X H. Safety-enhanced Polymer Electrolytes with High Ambient-temperature Lithium-ion Conductivity Based on ABA Triblock Copolymers. Chinese J Polym Sci，2022，40：21-28.

［3］Wu F，Luo L F，Tang Z H，Liu D，Shen Z，Fan X H. Block Copolymer Electrolytes with Excellent Properties in a Wide Temperature Range. ACS Applied Energy Materials，2020，3（7）：6536-6543.

［4］Tang Z，Hou P P，Zhang W，Lyu X，Shen Z，Fan X H. Hierarchically Ordered Structures of Rod-Rod Block Copolymers Containing Two Mesogen-Jacketed Liquid Crystalline Polymers. Macromolecules，2019，52（24）：9504-9511.

［5］Wang Q，Wu F，Luo L，Shen Z，Fan X H. Thermal Annealing Induced Formation of Polymeric Nanopillars of Asymmetric Bottlebrush Block Copolymers. Polymer，2019，185：121983.

［6］Wang Q，Xiao A Q，Shen Z，Fan X. Janus Particles with Tunable Shapes Prepared by Asymmetric Bottlebrush Block Copolymers. Polymer Chemistry，2019，10（3）：372-378.

［7］Pan H B，Zhang W，Xiao A Q，Lyu X L，Hou P P，Shen Z，Fan X H. Hierarchically Ordered Nanostructures of a Supramolecular Rod-Coil Block Copolymer with a Hydrogen-Bonded Discotic Mesogen. Polymer Chemistry，2019，10（8）：991-999.

［8］张希，王力彦，徐江飞，陈道勇，史林启，周永丰，沈志豪. 聚合物超分子体系：设计、组装与功能. 高分子学报，2019，50（10）：973-987.

［9］Pan H B，Ping J，Zhang M Y，Xiao A Q，Shen Z，Fan X H. Tuning Structures of Mesogen-Jacketed Liquid Crystalline Polymers and Their Rod-Coil Diblock Copolymers by Varying Chain Rigidity. Macromolecular Chemistry and Physics，2018，219：1700593.

［10］Pan H B，Zhang W，Xiao A Q，Lyu X L，Shen Z，Fan X H. Persistent Formation of Self-Assembled Cylindrical Structure in a Liquid Crystalline Block Copolymer Constructed by Hydrogen Bonding. Macromolecules，2018，51（15）：5676-5684.

［11］Wang Q，Gu K H，Zhang Z Y，Hou P P，Shen Z，Fan X H. Morphologies and Photonic Properties of an Asymmetric Brush Block Copolymer with Polystyrene and Polydimethylsiloxane Side Chains.

Polymer，2018，156：169-178.

［12］Ping J，Pan H B，Hou P P，Zhang M Y，Wang X，Wang C，Chen J T，Wu D C，Shen Z，Fan X H. Solid Polymer Electrolytes with Excellent High-Temperature Properties Based on Brush Block Copolymers Having Rigid Side Chains. ACS Applied Materials & Interfaces，2017，9（7）：6130-6137.

［13］Zhang Z Y，Zhang Q K，Yu J P，Wu Y X，Shen Z，Fan X H. Synthesis and Properties of A New High-Temperature Liquid Crystalline Thermoplastic Elastomer Based on Mesogen-Jacketed Liquid Crystalline Polymer. Polymer，2017，108：50-57.

［14］候平平，张振宇，平静，沈志豪，范星河，周其凤. 甲壳型液晶高分子的构筑、自组装及其功能化. 高分子学报，2017，（10）：1591-1608.

［15］候平平，沈志豪，范星河. 侧基含纳米构筑单元的甲壳型液晶高分子的多层次自组装. 高分子学报，2017，（7）：1038-1046.

［16］Zhang Z Y，Liao P L，Shen Z，Fan X H. Precise Size Control of sub-10nm Structures of Cholesteryl-containing Mesogen-Jacketed Liquid Crystalline Polymers. Polymer，2017，128：338-346.

［17］Hou P P，Zhang Z Y，Wang Q，Zhang M Y，Shen Z H，Fan X H. Hierarchical Structures in a Combined Main-Chain/Side-Chain Liquid Crystalline Polymer with a Polynorbornene Backbone and Multi-Benzene Side-Chain Mesogens. Macromolecules，2016，49（19）：7238-7245.

［18］Ping J，Gu K，Zhou S，Pan H，Shen Z，Fan X H. Hierarchically Self-Assembled Amphiphilic Alternating Copolymer Brush Containing Side-Chain Cholesteryl Units. Macromolecules，2016，49（16）：5993-6000.

［19］Zhang Z Y，Zhang Q K，Shen Z，Yu J P，Wu Y X，Fan X H. Synthesis and Characterization of New Liquid Crystalline Thermoplastic Elastomers Containing Mesogen-Jacketed Liquid Crystalline Polymers. Macromolecules，2016，49（2）：475-482.

［20］Pan Y，Shi L Y，Ping J，Zhang Z Y，Gu K H，Fan X H. Shen Z. Thermoreversible Order-Order Transition of a Triblock Copolymer Containing a Mesogen-Jacketed Liquid Crystalline Polymer with a Re-entrant Phase Behavior. Macromolecular Chemistry and Physics，2016，217（9）：1081-1088.

［21］Ping J，Pan Y，Pan H B，Wu B，Zhou H H，Shen Z，Fan X H. Microphase Separation and High Ionic Conductivity at High Temperatures of Lithium Salt-Doped Amphiphilic Alternating Copolymer Brush with Rigid Side Chains. Macromolecules，2015，48（23）：8557-8564.

［22］Ping J，Qiao Y，Tian H，Shen Z，Fan X H. Synthesis and Properties of a Coil-g-Rod Polymer Brush by Combination of ATRP and Alternating Copolymerization. Macromolecules，2015，48（3）：592-599.

［23］Zhang Z Y，Wang Q，Hou P P，Shen Z H，Fan X H. Effects of Rigid Cores and Flexible Tails on the Phase Behaviors of Polynorbornene-Based Mesogen-Jacketed Liquid Crystalline Polymers. Polymer Chemistry，2015，6（44）：7701-7710.

［24］Hou P P，Gu K H，Zhu Y F，Zhang Z Y，Wang Q，Pan H B，Yang S，Shen Z H，Fan X H. Synthesis and Sub-10 nm Supramolecular Self-Assembly of a Nanohybrid with a Polynorbornene Main Chain and Side-Chain POSS Moieties. RSC Advances，2015，5（86）：70163-70171.

［25］Zhu Y F，Tian H J，Wu H W，Hao D Z，Zhou Y，Shen Z，Zou D C，Sun P C，Fan X H，Zhou Q F. Ordered Nanostructures at Two Different Length Scales Mediated by Temperature: a Triphenylene-Containing Mesogen-Jacketed Liquid Crystalline Polymer with a Long Spacer. Journal of Polymer Science Part A-Polymer Chemistry，2014，52（3）：295-304.

［26］Zhu Y F，Zhang Z Y，Zhang Q K，Hou P P，Hao D Z，Qiao Y Y，Shen Z，Fan X H，Zhou Q F. Mesogen-Jacketed Liquid Crystalline Polymers with a Polynorbornene Main-Chain：Green Synthesis and Phase Behaviors. Macromolecules，2014，47（9）：2803-2810.

［27］Cai H，Jiang J，Chen C，Li Z，Shen Z，Fan X H. New Morphologies and Phase Transitions of Rod-Coil Dendritic-Linear Block Copolymers Depending on Dendron Generation and Preparation Procedure. Macromolecules，2014，47（1）：146-151.

［28］Tian H J，Qu W，Zhu Y F，Shen Z，Fan X H. Synthesis and Properties of a Rod-g-Rod Bottlebrush with a Semirigid Mesogen-Jacketed Polymer as the Side Chain. Polymer Chemistry，2014，5（24）:4948-4956.

［29］Zhang Q K，Tian H J，Li C F，Zhu Y F，Liang Y R，Shen Z，Fan X H. Synthesis and Phase Behavior of a New 2-Vinylbiphenyl-Based Mesogen-Jacketed Liquid Crystalline Polymer with High Glass Transition Temperature and Low Threshold Molecular Weight. Polymer Chemistry，2014，5（15）:4526-4533.

［30］Cai H H，Jiang G L，Shen Z，Fan X H. Solvent-Induced Hierarchical Self-Assembly of Amphiphilic PEG（Gm）-b-PS Dendritic-Linear Block Copolymers. Soft Matter，2013，9（47）：11398-11404.

［31］Ma Z，Zheng C，Shen Z，Liang D，Fan X H. Synthesis and Properties of Comb Polymers with Semirigid Mesogen-Jacketed Polymers as Side Chains. Journal of Polymer Science Part A-Polymer Chemistry，2012，50（5）：918-926.

［32］Cai H，Jiang G，Shen Z，Fan X H. Effects of Dendron Generation and Salt Concentration on Phase Structures of Dendritic-Linear Block Copolymers with a Semi-rigid Dendron Containing PEG Tails. Macromolecules，2012，45（15）：6176-6184.

［33］Zhu Y F，Guan X L，Shen Z，Fan X H，Zhou Q F. Competition and Promotion between Two Different Liquid Crystalline Building Blocks：Mesogen-Jacketed Liquid Crystalline Polymers and Triphenylene Discotic Liquid Crystals. Macromolecules，2012，45（8）：3346-3355.

［34］Xu Y，Qu W，Yang Q，Zheng J K，Shen Z，Fan X H，Zhou Q. Synthesis and Characterization of Mesogen-Jacketed Liquid Crystalline Polymers through Hydrogen-Bonding. Macromolecules，2012，45（6）：2682-2689.

［35］Gao L，Shen Z，Fan X H，Zhou Q. Mesogen-Jacketed Liquid Crystalline Polymers：from Molecular Design to Polymer Light-Emitting Diode Applications. Polymer Chemistry，2012，3（8）：

1947-1957.

［36］陈小芳，沈志豪，陈尔强，宛新华，范星河，周其凤. 侧基甲壳效应和甲壳型液晶高分子. 中国科学：化学，2012，42（5）：606-621.

［37］Zhang L，Wu H，Shen Z，Fan X，Zhou Q. Synthesis and Properties of Mesogen-Jacketed Liquid Crystalline Polymers Containing Biphenyl Mesogen with Asymmetric Substitutions. Journal of Polymer Science Part A-Polymer Chemistry，2011，49（14）：3207-3217.

［38］Jin H，Zhang W，Wang D，Chu Z，Shen Z，Zou D，Fan X H，Zhou Q. Dendron-Jacketed Electrophosphorescent Copolymers: Improved Efficiency and Tunable Emission Color by Partial Energy Transfer. Macromolecules，2011，44（24）：9556-9564.

［39］Cheng Y H，Chen W P，Zheng C，Qu W，Wu H，Shen Z，Liang D，Fan X H，Zhu M F，Zhou Q F. Synthesis and Phase Structures of Mesogen-Jacketed Liquid Crystalline Polyelectrolytes and Their Ionic Complexes. Macromolecules，2011，44（10）：3973-3980.

［40］Cheng Y H，Chen W P，Shen Z，Fan X H，Zhu M F，Zhou Q F. Influences of Hydrogen Bonding and Peripheral Chain Length on Mesophase Structures of Mesogen-Jacketed Liquid Crystalline Polymers with Amide Side-Chain Linkages. Macromolecules，2011，44（6）：1429-1437.

［41］Chen X F，Shen Z，Wan X H，Fan X H，Chen E Q，Ma Y，Zhou Q F. Mesogen-Jacketed Liquid Crystalline Polymers. Chemical Society Reviews，2010，39（8）：3072-3101.

［42］Yang Q，Xu Y D，Jin H，Shen Z H，Chen X F，Zou D C，Fan X H，Zhou Q F. A Novel Mesogen-Jacketed Liquid Crystalline Electroluminescent Polymer with Both Thiophene and Oxadiazole in Conjugated Side Chain. Journal of Polymer Science Part A-Polymer Chemistry，2010，48（7）：1502-1515.

［43］Zhang L Y，Guan X L，Zhang Z L，Chen X F，Shen Z H，Fan X H，Zhou Q F. Preparation and Properties of Highly Birefringent Liquid Crystalline Materials : Styrene Monomers with Acetylenes Naphthyl and Isothiocyanate Groups. Liquid Crystals，2010，37（4）：453-462.

［44］Zhang Z L，Zhang L Y，Guan X L，Shen Z H，Chen X F，Xing G Z，Fan X H，Zhou Q. Synthesis and Properties of Highly Birefringent Liquid Crystalline Materials : 2 5-Bis（5-Alkyl-2-Butadinylthiophene-Yl）Styrene Monomers. Liquid Crystals，2010，37（1）：69-76.

［45］Jin H，Xu Y D，Shen Z H，Zou D C，Wang D，Zhang W，Fan X H，Zhou Q. Jacketed Polymers with Dendritic Carbazole Side Groups and Their Applications in Blue Light-Emitting Diodes. Macromolecules，2010，43（20）：8468-8478.

［46］Zhang L Y，Chen S，Zhao H，Shen Z H，Chen X F，Fan X H，Zhou Q. Synthesis and Properties of a Series of Mesogen-Jacketed Liquid Crystalline Polymers with Polysiloxane Backbones. Macromolecules，2010，43（14）：6024-6032.

［47］Chen S，Zhang L Y，Guan X L，Fan X H，Shen Z H，Chen X F，Zhou Q. Special Positive Birefringence Properties of Mesogen-Jacketed Liquid Crystalline Polymer Films for Optical Compensators. Polymer Chemistry，2010，1（4）：430-433.

[48] Wang P, Jin H, Yang Q, Liu W L, Shen Z H, Chen X F, Fan X H, Zou D C, Zhou Q. Synthesis Characterization and Electroluminescence of Novel Copolyfluorenes and Their Applications in White Light Emission. Journal of Polymer Science Part A-Polymer Chemistry, 2009, 47 (18): 4555-4565.

[49] Chen S, Zhang L Y, Gao L C, Chen X F, Fan X H, Shen Z, Zhou Q. Influence of Alkoxy Tail Length and Unbalanced Mesogenic Core on Phase Behavior of Mesogen-Jacketed Liquid Crystalline Polymers. Journal of Polymer Science Part A-Polymer Chemistry, 2009, 47 (2): 505-514.

[50] Gao L C, Fan X H, Shen Z H, Chen X, Zhou Q. Jacketed Polymers : Controlled Synthesis of Mesogen-Jacketed Polymers and Block Copolymers. Journal of Polymer Science Part A-Polymer Chemistry, 2009, 47 (2): 319-330.

[51] Xu Y D, Yang Q, Shen Z H, Chen X F, Fan X H, Zhou Q. Effects of Mesogenic Shape and Flexibility on the Phase Structures of Mesogen-Jacketed Liquid Crystalline Polymers with Bent Side Groups Containing 1 3 4-Oxadiazole. Macromolecules, 2009, 42 (7): 2542-2550.

[52] Gao L C, Yao J, Shen Z, Wu Y X, Chen X F, Fan X H, Zhou Q. Self-Assembly of Rod-Coil-Rod Triblock Copolymer and Homopolymer Blends. Macromolecules, 2009, 42 (4): 1047-1050.

[53] Yang Q, Jin H, Xu Y D, Wang P, Liang X C, Shen Z H, Chen X F, Zou D C, Fan X H, Zhou Q. Synthesis Photophysics and Electroluminescence of Mesogen-Jacketed 2D Conjugated Copolymers Based on Fluorene-Thiophene-Oxadiazole Derivative. Macromolecules, 2009, 42 (4): 1037-1046.

[54] Tu Y F, Graham M J, van Horn R M, Chen E Q, Fan X H, Chen X F, Zhou Q, Wan X H, Harris F W, Cheng S Z D. Controlled Organization of Self-Assembled Rod-Coil Block Copolymer Micelles. Polymer, 2009, 50 (22): 5170-5174.

[55] Guan X L, Zhang L Y, Zhang Z L, Shen Z H, Chen X F, Fan X H, Zhou Q. Synthesis and Properties of Novel Liquid Crystalline Materials with Super High Birefringence: Styrene Monomers Bearing Diacetylenes Naphthyl and Nitrogen-Containing Groups. Tetrahedron, 2009, 65 (18): 3728-3732.

[56] Pan Q W, Chen X F, Fan X H, Shen Z H, Zhou Q. Organic-Inorganic Hybrid Bent-Core Liquid Crystals with Cubic Silsesquioxane Cores. Journal of Materials Chemistry, 2008, 18 (29): 3481-3488.

[57] Wang P, Jin H, Liu W L, Chai C P, Shen Z H, Guo H Q, Chen X F, Fan X H, Zou D C, Zhou Q. Bipolar Copolymers Comprised Mesogen-Jacketed Polymer Containing Oxadiazole Units and PVK as Host Materials for Electroluminescent Devices. Journal of Polymer Science Part A-Polymer Chemistry, 2008, 46 (23): 7861-7867.

[58] Wang P, Chai C P, Yang Q, Wang F Z, Shen Z H, Guo H Q, Chen X F, Fan X H, Zou D C, Zhou Q. Synthesis and Characterization of Bipolar Copolymers Containing Oxadiazole and Carbazole Pendant Groups and Their Application to Electroluminescent Devices. Journal of Polymer Science Part A-Polymer Chemistry, 2008, 46 (16): 5452-5460.

［59］Wang P, Chai C P, Wang F Z, Chuai Y T, Chen X F, Fan X H, Zou D C, Zhou Q. Single Layer Light-Emitting Diodes from Copolymers Comprised of Mesogen-Jacketed Polymer Containing Oxadiazole Units and PVK. Journal of Polymer Science Part A-Polymer Chemistry, 2008, 46（5）: 1843-1851.

［60］Wang P, Yang Q, Jin H, Liu W L, Shen Z H, Chen X F, Fan X H, Zou D C, Zhou Q. Synthesis Photophysics and Electroluminescence of Copolyfluorenes Containing Jacketed and Silyl Units. Macromolecules, 2008, 41（22）: 8354-8359.

［61］Wang P, Chuai Y T, Chai C P, Wang F Z, Zhang G L, Ge G P, Fan X H, Guo H Q, Zou D C, Zhou Q F. Electrophosphorescence from Iridium Complex-Doped Mesogen-Jacketed Polymers. Polymer, 2008, 49（2）: 455-460.

［62］Gao L C, Zhang C L, Liu X, Fan X H, Wu Y X, Chen X F, Shen Z H, Zhou Q. ABA Type Liquid Crystalline Triblock Copolymers by Combination of Living Cationic Polymerizaition and ATRP: Synthesis and Self-Assembly. Soft Matter, 2008, 4（6）: 1230-1236.

［63］陈小芳, 范星河, 宛新华, 周其凤. 甲壳型液晶高分子研究进展与展望. 高等学校化学学报, 2008, 29（1）: 1-12.

［64］Gao L C, Pan Q W, Wang C, Yi Y, Chen X F, Fan X H, Zhou Q. ABA-Type Liquid Crystalline Triblock Copolymers via Nitroxide-Mediated Radical Polymerization: Design, Synthesis, and Morphologies. Journal of Polymer Science Part A-Polymer Chemistry, 2007, 45（24）: 5949-5956.

［65］Sun L M, Fan X H, Chen X F, Liu X F, Zhou Q. Synthesis and Characterization of Graft Copolymers Containing Poly（p-Phenylene）Main Chains and Mesogen-Jacketed Liquid-Crystalline Polystyrene Side Chains. Journal of Polymer Science Part A-Polymer Chemistry, 2007, 45（12）: 2543-2555.

［66］Chai C P, Zhu X Q, Wang P, Ren M Q, Chen X F, Xu Y D, Fan X H, Ye C, Chen E Q, Zhou Q. Synthesis and Phase Structures of Mesogen-Jacketed Liquid Crystalline Polymers Containing 1, 3, 4-Oxadiazole Based Side Chains. Macromolecules, 2007, 40（26）: 9361-9370.

［67］Gao L C, Pan Q W, Chen X F, Fan X H, Zhang X L, Zhen Z H, Zhou Q. Double-Hexagonal Morphology Formed by Rod-Rich Triblock Copolymer. Macromolecules, 2007, 40（26）: 9205-9207.

［68］Chen S, Gao L C, Zhao X D, Chen X F, Fan X H, Xie P Y, Zhou Q. Synthesis and Properties of Mesogen-Jacketed Liquid Crystalline Polymers with Asymmetry Mesogenic Core. Macromolecules, 2007, 40（16）: 5718-5725.

［69］Pan Q W, Gao L C, Chen X F, Fan X H, Zhou Q. Star Mesogen-Jacketed Liquid Crystalline Polymers with Silsesquioxane Core: Synthesis and Characterization. Macromolecules, 2007, 40（14）: 4887-4894.

［70］Wang P, Chai C P, Chuai Y T, Wang F Z, Chen X F, Fan X H, Xu Y D, Zou D C, Zhou Q. Blue Light-Emitting Diodes from Mesogen-Jacketed Polymers Containing Oxadiazole Units. Polymer,

2007，48（20）：5889-5895.

［71］Zhao Y F，Fan X H，Wan X H，Chen X F，Yi Y，Wang L S．Dong X，Zhou Q．Unusual Phase Behavior of a Mesogen-Jacketed Liquid Crystalline Polymer Synthesized by Atom Transfer Radical Polymerization. Macromolecules，2006，39（3）：948-956.

［72］Gao L C，Pan Q W，Yi Y，Fan X H，Chen X F，Zhou Q．Copolymers of 2 5-Bis［（4-Methoxyphenyl）Oxycarbonyl]Styrene with n-Butyl Acrylate：Design Synthesis and Characterization. Journal of Polymer Science Part A-Polymer Chemistry，2005，43（23）：5935-5943.

［73］Zhao Y F，Yi Y，Fan X H，Chen X F，Wan X H，Zhou Q．Copolymers of 2 5-Bis［（4-Methoxyphenyl）Oxycarbonyl] Styrene with Styrene and Methyl Methacrylate：Synthesis Monomer Reactivity Ratios Thermal Properties and Liquid Crystalline Behavior．Journal of Polymer Science Part A-Polymer Chemistry，2005，43（12）：2666-2674.

［74］Zhao Y F，Fan X H，Chen X F，Wan X H，Zhou Q．Synthesis and Characterization of Diblock Copolymers Based on Crystallizable Poly（Epsilon-Caprolactone）and Mesogen-Jacketed Liquid Crystalline Polymer Block．Polymer，2005，46（14）：5396-5405.

［75］Yi Y，Fan X H，Wan X H，Li L，Zhao N，Chen X F，Xu J，Zhou Q．ABA Type Triblock Copolymer Based on Mesogen-Jacketed Liquid Crystalline Polymer：Design Synthesis，and Potential as Thermoplastic Elastomer．Macromolecules，2004，37（20）：7610-7618.

［76］Yi Y，Wan X H，Fan X H，Dong R，Zhou Q．Synthesis of a Novel Hybrid Liquid-Crystalline Rod-Coil Diblock Copolymer．Journal of Polymer Science Part A-Polymer Chemistry，2003，41（12）：1799-1806.

［77］Tu Y F，Wan X H，Zhang H L，Fan X H，Chen X F，Zhou Q，Chau K C．Self-Assembled Nanostructures of Rod-Coil Diblock Copolymers with Different Rod Lengths．Macromolecules，2003，36（17）：6565-6569.

［78］Zhou Q F，Li H M，Feng X D．Synthesis of Liquid-Crystalline Polyacrylates with Laterally Substituted Mesogens．Macromolecules，1987，20（1）：233-234.